分而合，离而聚

HOUSE VISION

VISION

2016 TOKYO EXHIBITION

2

探索家2——家的未来2016

[日]原研哉＋HOUSE VISION 执行委员会——编著

张钰——译

中信出版集团 · 北京

日本的近未来与审美的处女地

原研哉
HARA Kenya

资本主义体制得以健全运行的必要"养分"——未开拓领域已所剩无几。被誉为人类智慧结晶的合理的经济系统，也许即将走到尽头。当我们凝神远眺，两个可以让日本焕发潜能的领域缓缓映入眼帘。

一个是"审美处女地"，另一个是"人工智能的未开拓领域"。

"审美处女地"，简言之就是将人们内心的"欲望"价值最大化的领域。比如种植葡萄，如果只是制售葡萄汁，则很难获得高额利润；但是将葡萄制成顶级葡萄酒呢，情况就截然不同了。味觉获得感官刺激的机理很不稳定，借此，如能悉心控制微妙的品质差异，甚至改变给人留下的印象差异，则可构建出"价值等级"，实现农作物的价值最大化。当然，孕育价值

并不限于农作物本身。例如堪称日本农产品经典的大米，在我们感叹尚需努力想办法将其价值最大化的同时，也不应否认：其实培育大米的场景本身就是一笔巨大的资源。

旅游资源是宝贵的无形财产。其中包括自然风土和文化美食。而日本在这几点上具有极大的潜在价值。受"二战"后工业立国的思想影响，日本人习惯把产业等同于工业，因此很难发现潜在价值。但其实，只要关注一下我们身边和脚下，不难发现本国的风土文化就是资源，如能将风土文化的价值最大化，那么就会意识到：日本在"审美的处女地"尚存巨大的开拓空间。

世界上处于"流动状态"的人口正在迅猛增长。上一届东京奥运会，即1964年时，全世界"流动人口"刚好超过1亿，其中大部分是欧美人。但据预测，截至2030年，这个数字将达到18亿，即世界人口的四分之一都将处于"流动中"。也许人类真要从根深蒂固的"居有定所时代"再次过渡到"迁徙时代"。而迁徙中所要寻求的已不再是物质，而是体验。如今，旅游可谓顶级产业，如何让日本的旅游资源实现价值最大化，召唤迁徙中的人们走进其中满足体验，此间隐含的可让这个国家持久繁荣的具体方法已依稀可辨。

另一个未开拓领域是"人工智能"。人工智能活跃于众多场合，其合理性

远超人类的行动，由此不难推想：人类社会中的所有"无效、低效"将被一扫而光。但同时我们应该警醒：可以自由驾驭人工智能技术的国家和企业将占绝对优势，辅以资本主义体制所特有的机理发挥作用，利润将注定归拢到极少数企业和企业家手中，由此世界将面临巨大的社会差距。人工智能就是从失去了"未开拓领域"的世界中榨取利润的最终手段，同时也是将"拥有者"和"非拥有者"断然分割开来的技术。

这个不和谐的世界，下一站等待我们的是什么呢？个别人提出所谓的"新中古主义"社会，即放慢增长速度，缓缓发展，相比遥远未来的"潜在可能"，更加珍视近在身边的"点滴联系"，这样一个彼此宽容的社会。比

如大学学习用8年左右的时间慢慢完成，学的也不是比别人更会赚钱、更具竞争力的技术，而是掌握如何让世界均衡、自然和谐的方法，拥有宽容的智慧，能够悠悠然持续工作到75岁。"新中古主义"论者指出：可选择付出几代人的努力，去实现这样的社会。

我不知道要经过怎样的过程才能实现这样的社会，但无论自然还是生命，都是在经历生长和衰退的反复后循序向前的。假如人类活动与自然、生命同根同源的话，那么为了迎接下一轮新的生长，也许现在正走在缓慢衰退的进程中。

HOUSE VISION正是以"家"为媒介思考世界动态的建筑设计项目。

无论对谁,"家"都像一面直观反映复杂问题的镜子,浅显易懂。第二届
HOUSE VISION展以"分而合,离而聚"为主题。

今天的日本社会,独自生活的人增加,出生率下降,无论家庭还是社区都
一度被分割成零散的个体。而通信技术的进步,看似拉近了人与人之间
的距离,但实际上我们却感到:人们彼此不再宽容,他人的存在仿佛变成
自己的一种压力。

如何让被分割的零散个体重建联系并再次聚合,HOUSE VISION做
出了思考。让我们通过"家"纵观横亘在日本面前的广大未开拓领域,
做出考察,提出课题,审视走在世界前列的日本真实的状态吧。

超越家的概念

隈研吾
KUMA Kengo

建筑师、东京大学教授。1954年出生。
1979年完成东京大学建筑学专业研究生课程。
曾任哥伦比亚大学客座研究员,
2001年开始担任庆应义塾大学教授,
2009年开始担任东京大学教授。
主要作品有
"森舞台——登米町传统艺能传承馆"
"水——玻璃""三得利美术馆"
"根津美术馆""歌舞伎座"等。
曾获得日本建筑学会奖、
美国建筑学会杜邦BENEDICTUS奖、
每日艺术奖等众多奖项。
主要著作有《负建筑》《相连的建筑》。

如今,2020年东京奥运会成为热门话题,但其实我们更应该关注的是未来的家居和职场。由此开始思考,也许奥运会应有的存在形式便将以不同的面貌显露端倪。

从工业化向后工业化的社会转换,由此给家居和职场带来怎样的时代变迁,这些都将成为所有讨论的背景与核心。在抽象地理解工业化和后工业化的社会前,首先应该设想一下:若不久的将来巨大的灾害或经济衰退袭击日本,会给我们的生活甚至生命造成怎样的威胁?在熊本目睹了大地震动不停的景象,让我确信:人们对奥运会的过分关注,也许就是产生于主观意识、让自己从面临灾害和恐慌等无比真实的恐惧中解脱出来的精神吗啡。沉湎于仅仅举办两周的体育赛事引起的热门话题,只是为了忘记可能降临到自己身上的巨大灾难和恐慌。

然而在大灾难后,或者就是在大恐慌中,人们也依旧要活下去。我想这个时候应该没有人还盲目乐观地想"为了幸福,买套房做财产"。在忘却灾难的时代,人们才会孕生出"买房置业"这样的"虚幻"意识。而整个20世纪就是受这样一种虚幻意识支配的值得庆幸的时代;同时由于灾害少,经济自然增长,形成和平年代。然而,当灾害突然间真的出现在我们面前,恐怕就没有人再从容地提"财产"二字了吧。也许明天将不复存在,那么今天应该做些什么才能让生活更舒适?对这个问题的思考才是今天"住宅问题"的核心。"住宅问题"在此演变为一个稍纵即逝的课题。因为无论贫

穷还是富有，都必须首先考虑如何让瞬间延续下去。人是生物，当灾难降临，我们必须要恢复动物的本能，就好比大海啸来临前的老鼠。

我认为，HOUSE VISION项目就是要解决这些活生生的课题，给"家"提供方案，更准确地说是给"老鼠的巢穴"提供方案。由于课题是鲜活的，因此展示的方式也必须浅显易懂，同时能让人感到震撼。对此，诸如建筑、产品设计、景观设计等垂直分类，已失去意义，或者说"已过保鲜期"。而所谓"资产""生活方式"等用大脑想出来的抽象答案，也全部显得苍白无力。

城市晃动、瞬间被夷为废墟后，我们必须要去思考：该如何活，如何死。而具有特异功能的预言家，或是在预知灾难方面本就远超人类的老鼠，也许早已开始"思考"这个问题。

一个新时代在HOUSE VISION展场上已宣告开始。我们一直思考的所谓都市、家居已经消亡。而一种超越"家"的环境建设思考，已悄然开始。

回家之路

乔·杰比亚 | 爱彼迎首席产品官、联合创始人
Joe GEBBIA

爱彼迎（Airbnb）
以"像生活一样旅行"为理念，
于2008年在旧金山创立。
公司让用户通过网络以及
手机就能方便地借宿全球独特的住宅，
从中挖掘出巨大的市场价值。
目前，爱彼迎已经在全球192个国家和地区、
超过35 000个城市落地生根，
高峰时期每天有100多万人通过爱彼迎
借宿在陌生人家中。
由此孕育出来的人际关系，
已经开始深刻改变人们对于"家"
"工作""交际"等方面的根本看法。

左页：奈良县吉野町的柳杉树林。
兴盛于日本江户时代（1603－1867年）的吉野町，
一直盛产柳杉。

10年前，有谁能预想到2016年使用共享房屋的人数如此庞大？爱彼迎成立后，超过1亿人住过这种共享的"家"。房屋共享正在超越我们所设想的框架，逐渐演变为表现现代人价值观的一种现象。与毫不相干的人建立新的、亲密的信任关系，使得我们与他人的故事相连，并且变成我们自己的故事。我希望人们在HOUSE VISION的展会上，通过审视房屋进一步理解其中的价值，对人们居住的家以及拥有家做出更广泛的思考。通过摸索新的居住方式，重新发现远古时代流传下来的居住方式，重新构建家与人，乃至人与人之间的关系。这对我们将要打造的社区形态，已经消失了的社区形态，乃至尚未见过的社区形态，都有新的启迪。

日本的城市化与老龄化造成的衰退，已经发展成了一个国家性的问题。大部分解决问题的方法，不是提前使用有限的资源，就是把摆脱经济危机的措施寄托在大城市，似乎两者只能选择其一。然而第三种方式——让社区作为一种解决方式是否可行呢？

在河川捕鱼然后带回家，在山上砍伐柳杉木然后用来盖房子，所有想法都集中到某个空间，让主人与客人共享。让社区成为经济可持续增长的土壤，让制造大国传承下来的技能，通过新的视角得到新的发现。

HOUSE VISION，就是要证明"家"不仅仅是一个物理空间，它也代表了一个朴素的真理，即人类从根本上是需要社区这种形态的，也就是：渴求着彼此的联系。

9

[木纹之家]
凸版印刷
×
日本设计中心原设计研究所

10

[内与外之间，家具与房间之间]
TOTO、YKK AP
×
五十岚淳、藤森泰司

[清凉咖啡店——煎]
AGF
×
长谷川豪

11

[GRAND THIRD LIVING]
丰田
×
隈研吾

12

[带信号屋顶的家]
文化便利俱乐部
×
日本设计中心原设计研究所（展示设计）、中岛信也（影像制作）

4

[梯田办公室]
无印良品
×
Atelier Bow-Wow

1

[从室外就能把冰箱打开的家]
大和控股公司
×
柴田文江

会场采用日本标准木材，10.5厘米见方的柳杉木。采用加工最少的木材组合搭建而成，展览结束后可以再利用。主馆的柳杉木材是奈良县特别供应的"吉野柳杉"。

8

[市松水边]
住友林业
×
西畠清顺、隈研吾（会场构成）

6

[租赁空间塔]
大东建托
×
藤本壮介

7

[汇集与开放之家]
骊住
×
坂茂

3

["の"家]
松下
×
永山祐子

5

[迁徙之家]
三越伊势丹
×
谷尻诚、吉田爱

2

[吉野柳杉之家]
爱彼迎
×
长谷川豪

———广场入口，为了表现人与植物远古以来的悠久关系，提醒人们从人类与植物的关系出发，思考幸福的所在。住友林业绿化与植物标本采集人西畠清顺率领的"天空植物园"，在此配备了一棵树龄上千年的古橄榄树。

与实物同大的12套未来住宅

HOUSE VISION是企业与建筑师、创意家之间的合作，在思考"家"的存在方式的同时，具体展现出未来居住方式的一种尝试。

在会场搭建起来的建筑，并非虚构的存在，而是带有一定的现实性，是未来可以利用的方式，十分具有说服力。

展会上共有12套展示住宅。日本遭遇了经济停滞、人口减少、少子、老龄化、连续的自然灾难、沟通压力增大等诸多危机，这里陈列的所有住宅，都可以解读为在危机时代如何生存的处方。

1. 从室外就能把冰箱打开的家
2. 吉野柳杉之家
3. "の"家
4. 梯田办公室
5. 迁徙之家
6. 租赁空间塔
7. 汇集与开放之家
8. 市松水边
9. 木纹之家
10. 内与外之间，家具与房间之间
11. GRAND THIRD LIVING
12. 带信号屋顶的家

这是一个每栋房屋都有着不同个性，包含着诚挚建议的建筑群。为了让参观者更好地游览所有建筑，我们在建筑的配置和区域划分上都下足了功夫。

日本的近未来与审美的处女地

1

从室外就能
把冰箱打开的家

大和控股公司

×

柴田文江

如果有一栋从室外就能把冰箱打开的房屋会怎么样呢？
这个想法最初源于2015年的HOUSE VISION
研讨会上，由铃木健的发言受到启发。
冷静一想，日本其实具有实现这个愿望的物流系统。
虽然送货和收货靠人来执行，但两个地点间的
物流管理却是先进的，并在飞速发展中。
同时，保障这类服务顺利进行的安全机制，
也得益于传感技术以及数据分析技术的支持。
不仅在步行5分钟到10分钟的距离内配有人员，
已经准备好未来物流的大和控股公司，
还将高科技与宜人性较高的设计相连，
并与设计师柴田文江展开合作，
让新式服务变得唾手可得。

居民和送货人，
像邻居一样联系在一起

通过"另一扇门"的介入，
可以直接递送物品。
紧贴时代的脚步，让人与人之间的联系不断进化。

门从哪边都能打开

这扇门既是从外递送物品的入口，也是从内拿出物品的出口。
门内与门外无论哪一侧，都可以送出或是送入物品。

大和运输的物流系统

大和运输拥有 55 000 名司机，为了运送货物，
每天都有人员上门，为日本全国 5 600 万户人家服务。
并且，"最后一公里"递送以外的过程，
全程采用高精尖的技术以实现最前卫的分货和配送系统。

与"另一扇门"一起生活

"另一扇门"不仅可以方便在家中无人时收取快递、生鲜品、
洗衣店送来的衣服、药品或是高尔夫球装备，
生活中的各类物品也可以通过"另一扇门"的介入开始流通。
只要放入需要送出的物品，即使家中无人，物流公司也可上门收货，
无论是快递还是送洗衣物，即使是上班时间，利用起来也毫无顾虑。

冷藏箱与冷冻箱

装食品需要冷藏或冷冻的小箱子。
每天采购蔬菜这件事，
完全可以通过上门
送货服务减轻负担，
连搬运重物的力气都省了。

控制面板

控制面板用于送收货的操作，
也用于冷藏或冷冻的温度设置。
司机通过身份验证进行安全管理，
还可将送货或收货情况
发送到用户的手机上。

送货箱

用来放文件或小包裹的箱子。
送货箱上锁后，
外人无法打开，
可以保障物品安全。

药盒

老年群体中有不少需要
持续服用药物的人，
通过快递服务可以方便地收取药品，
这也是一种面向未来的服务。

洗衣箱

专门用来装洗衣店送回的衣物。
箱子内部可以设置衣架，
避免衣物起皱。

物流之门打开新式生活

柴田文江
SHIBATA Fumie

工业设计师，武藏野美术大学教授。
以工业设计为主，业务范围包括电子产品、
日用杂货、医疗器械、酒店总体规划等，
领域广泛。代表作品有无印良品的
"贴身沙发"、欧姆龙的"KENONKUN"
电子体温计、胶囊旅馆"9h"、
东日本旅客铁路的"新一代自动贩卖机"、
"庖丁工房 Tadafusa"
以及木质玩具"buchi"等。

柴田文江在2015 HOUSE VISION
研讨会上提出了"工作墙"这个概念。
比起在空间中起"支撑功能"，
柴田文江更重视
具有"接收功能"的墙面。

右页："从室外就能把冰箱打开的家"的
具体方案。除了可以调节温度的保管库，
还有多种多样可以应对
送出和接收物品的门。

除了房屋的大门以外，另设一扇物流之门，让物品可以随时送出或接收，这样的生活是什么样子的呢？带着这样的疑问，我的大脑最终产生这个物流之门的主意。而且我脑海中的物流之门，既要让物品随时被物流人员取走，又要让房子本身具有收货的功能。每天需要买的菜，需要送洗和拿回的衣服，需要补充的常备药等，这些支撑生活的物品，都可通过安全又可靠的物流之门带来，这种新式生活就是我的设计初衷。2015年HOUSE VISION的研讨会上，我画了一张在家中墙壁埋入家电等设备的"工作墙"的草图。在此之前，工业设计师只是设计单个家电产品的外形，我则想尝试让家电的功能与家相融合，仅留下功能在墙上，表现一种崭新的空间使用方式。这是一种让人们的生活方式与时代更贴合、设备的功能可以随时更新的机制。"从室外就能把冰箱打开的家"这个题目，也是在2015年HOUSE VISION的研讨会上，听到铃木健的发言所想到的。恰好与我的思考（家电功能与家中墙壁相融合的想法）有了共鸣。

这个物流之门，既可作为从外送入物品的入口，也可作为从内送出物品的出口，是室内和室外直接接触的渠道。外形就像冰箱一样，让人有一种早已习惯的感觉。物流之门与房子的物理墙壁连成一体，材料和色彩避免了突兀，尽量让它与我们今天的生活更融合，更接地气。使用这个装置的前提是安装无线网络和面部认证摄像头，安全系统可与专业厂家合作打造。

如果这个设计能让人们在感受到物品送到手里的喜悦、生活的便捷与丰盈的同时，还能在日本发达的物流系统所创造的另一种可能中，感受到新颖的、唾手可得的未来，我则不胜欣慰。

大和控股公司在全日本步行
5分钟到10分钟的距离内都配置了1名
工作人员，以实现集中配送系统。
物流之门创造的直接让人与人传递物品的机制，
连同人类互相守望的意义，
都是建立良好的相互依赖的社会的基础。

物流在现如今，除了最初与最后需要"人"介入，
其余程序极尽科技之精髓，
利用最先进的分货和配送系统。
照片是羽田时辰门运转中心的"螺旋输送器"。

右页：显示了屋内、
屋外物品的进出情况。
有人时可用手传递，
无人时则通过安全可靠的保管库，
让配送效率和便利性
有飞跃性的提升。

居民和送货人，像邻居一样联系在一起

丹泽秀夫 ｜ 大和控股公司常务执行董事
TANZAWA Hideo

大和控股公司

创立于 1919 年。以经营快递运输起家，
现已发展为旗下拥有信息系统、
会计结算、生活辅助服务等众多
业务的控股公司。
公司以快递网络体系为基础，
充分融合集团各公司的业务功能，
致力于不断挑战自我，
创造新的企业价值，
在亚洲各国广泛开展快递事业。

右页：药品、蔬菜、
大宗货物、洗衣服务，
均可通过房屋的"另一扇门"
完成接收和递送。
在房屋中居住的人们，
还可通过"邻里相处"，
感受更加丰盈的生活。

"可不可以创造一种方式，让居住者和送货者能够更加和谐地相处？"这就是我们寄托在 HOUSE VISION 上的希望。大和运输的 55 000 名司机，每天都要触达 5 600 万户人家，送货上门。我们在这个设计中最重视的部分，就是"最后一公里"（货物距收货人一公里），当物品通过人手传递到人手上时，我们希望看到顾客脸上的笑容。

大和集团将在 2019 年 11 月迎来成立 100 周年纪念日。快递在日本诞生已有 40 余年的历史。物流在今天迎来了大变革。双职工家庭、老年人家庭开始增多，生活方式开始更加多样，对物流的需求也在日益增加。以自动驾驶为核心的技术革新不可或缺。那么除了硬件方面，我们如何才能保持初心，也就是与顾客相连，创造日常的感动，并随着时代的脚步不断进化向前呢？其中一个答案就是"即使顾客不在家，也能和顾客保持邻里般的关系"。

这次展会，柴田文江女士设计的"从室外就能把冰箱打开的家"，对我们物流行业人员，对千家万户来说都是一种开放性的思考，并具有实际功能。配送生鲜品时有冷藏室，送洗好的衣服时箱内有避免衣物起皱的衣架，还有最新的通信和安全系统，不仅添加了许多便利的设计，还能让居民与送货者之间，像邻居一样保持联系，真是一件令人感动的好作品。柴田女士，谢谢你。

我衷心希望，这个设计能作为未来住宅与社区的一种新尝试，在这个国家以及亚洲其他地区成为现实。

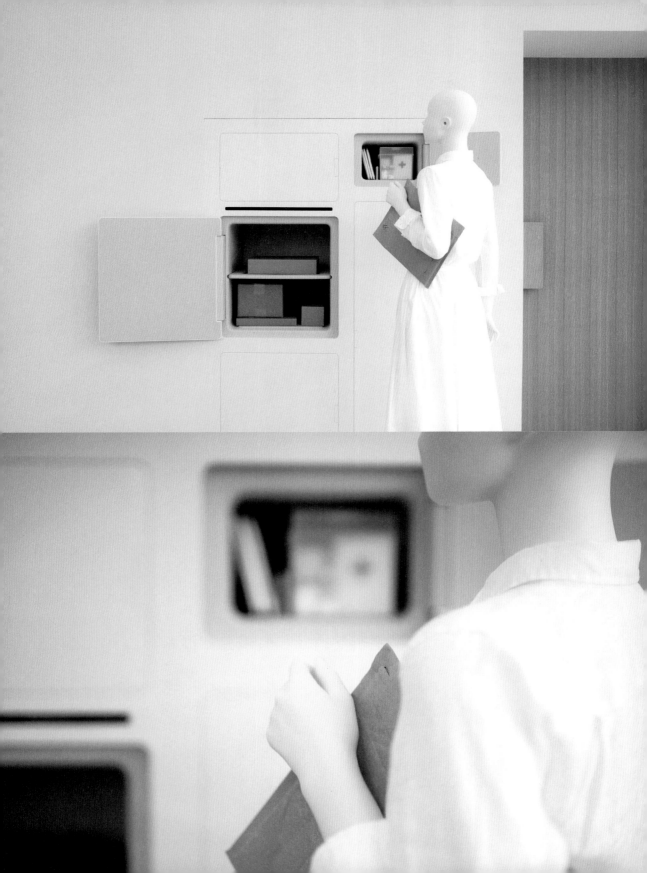

走在世界前列的爱彼迎以社区为主导，为用户提供住宿，
通过HOUSE VISION这个项目，
在奈良县的吉野町创造了一个新的故事。
建筑师长谷川豪用吉野产的柳杉木与扁柏木，
设计了一座可以让住宿者与主人建立新关系的民宿。
民宿的一楼部分，是对町内居民开放的社区空间。
带孩子的妈妈们可以让小孩在这里玩耍，
同时与朋友聊天，散步的老人可以在此歇息片刻喝杯茶，
总之是一个开放的、有着自由用途的空间。
二楼的三角屋顶房间，则是客人留宿的空间。
这里有朝东的可以看日出的房间，也有朝西的房间，
铺上被子就可以为对当地极有兴趣、
利用爱彼迎旅游的人们提供住宿。
这种形式的民宿是酒店和一般住宅所不具备的，
它能为当地人与游客创建一种新的关系。
展会结束后，这栋房屋会被运回吉野町，
放置在那里继续使用。

2

吉野柳杉之家

爱彼迎
×
长谷川豪

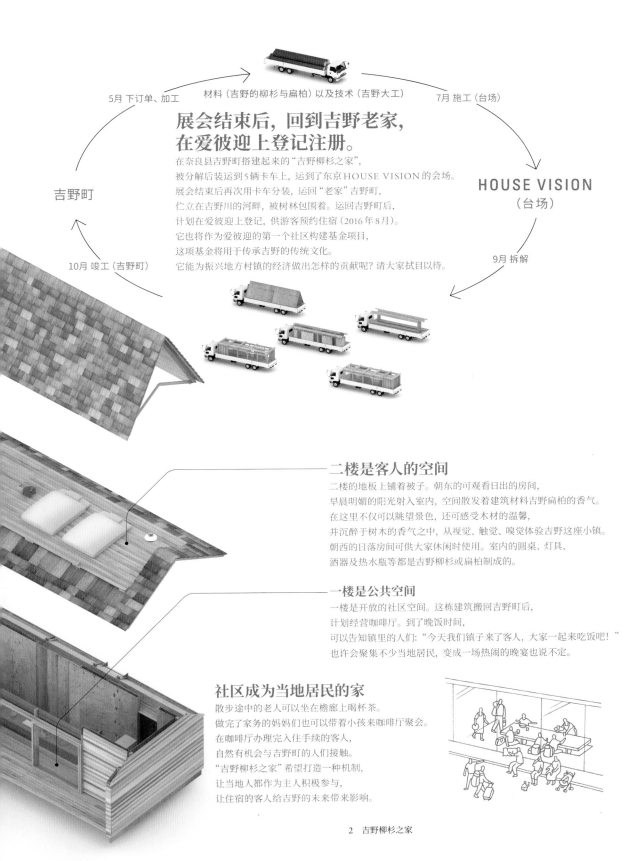

5月 下订单、加工　　材料（吉野的柳杉与扁柏）以及技术（吉野大工）　　7月 施工（台场）

吉野町

展会结束后，回到吉野老家，在爱彼迎上登记注册。

在奈良县吉野町搭建起来的"吉野柳杉之家"，
被分解后装运到5辆卡车上，运到了东京HOUSE VISION的会场。
展会结束后再次用卡车分装，运回"老家"吉野町，
伫立在吉野川的河畔，被树林包围着。运回吉野町后，
计划在爱彼迎上登记，供游客预约住宿（2016年8月）。
它也将作为爱彼迎的第一个社区构建基金项目，
这项基金将用于传承吉野的传统文化。
它能为振兴地方村镇的经济做出怎样的贡献呢？请大家拭目以待。

HOUSE VISION
（台场）

10月 竣工（吉野町）　　　　　　　　　　　　　9月 拆解

二楼是客人的空间

二楼的地板上铺着被子。朝东的可观看日出的房间，
早晨明媚的阳光射入室内，空间散发着建筑材料吉野扁柏的香气。
在这里不仅可以眺望景色，还可感受木材的温馨，
并沉醉于树木的香气之中，从视觉、触觉、嗅觉体验吉野这座小镇。
朝西的日落房间可供大家休闲时使用。室内的圆桌、灯具、
酒器及热水瓶等都是吉野柳杉或扁柏制成的。

一楼是公共空间

一楼是开放的社区空间。这栋建筑搬回吉野町后，
计划经营咖啡厅。到了晚饭时间，
可以告知镇里的人们："今天我们镇子来了客人，大家一起来吃饭吧！"
也许会聚集不少当地居民，变成一场热闹的晚宴也说不定。

社区成为当地居民的家

散步途中的老人可以坐在檐廊上喝杯茶。
做完了家务的妈妈们也可以带着小孩来咖啡厅聚会。
在咖啡厅办理完入住手续的客人，
自然有机会与吉野町的人们接触。
"吉野柳杉之家"希望打造一种机制，
让当地人都作为主人积极参与，
让住宿的客人给吉野的未来带来影响。

成为当地居民之家的社区

长谷川豪
HASEGAWA Go

建筑师、长谷川豪建筑设计事务所创始人。
1977年出生于埼玉县。
东京工业大学博士毕业后，
历任东京工业大学兼职讲师、
门德里西奥建筑学院客座教授以及奥斯陆
建筑大学客座教授。
现在是加利福尼亚大学
洛杉矶分校的客座教授。
获得过第24届新建筑奖等众多奖项。
主要著作有
Go Hasegawa Works（《长谷川豪作品集》）、
《对话长谷川豪》等。

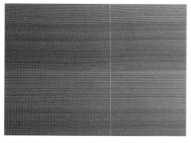

从江户时代开始被精心培育的
吉野柳杉，笔直的树干、美丽的木纹、
细腻的质地、略带樱花粉的颜色是它的特
征。年轮的幅宽也很窄，结构紧实。

如果将日本不同时代的住宅从"主客关系"角度重新审视的
话，绳文时代是在竖穴式房屋围起来的广场上迎客，作为
一种款待客人的形式；室町时代则是主人与客人在寝殿造
的客殿中一边眺望庭院或月亮，一边咏诗；到了镰仓时代，
书院造的大厅里用一个台阶的高度区分主人（将军）与客人
（家臣）的身份阶层；江户时代的町屋则使用通用庭院迎客
以区分"公私差别"。每个时代都能找到主客之间的关系。
"二战"后，家被分解成了"室"，纳入住宅楼中，个体的空间
扩大了。拥有"客房"的家也变得越来越少，开家庭派对时，
虽然会在客厅招待客人，但招待客人早已不是"建造住宅的
条件"。

我和爱彼迎一起重新思考了"主客关系"，得出的结论就是
"吉野柳杉之家"。由于吉野柳杉在当地高密度种植，这种
"密植"使它拥有纤细而美丽的木纹，而且种植历史十分悠
久，据说16世纪修建大阪城时就用过这种木材。这一住宅
与吉野町同呼吸，使用吉野町的木材，由吉野町的木匠建造
起来。HOUSE VISION 2016大展结束后将搬回吉野川
河畔，被吉野町的人们实际使用。设计的要点在于，社区空
间与客房组成了"当地居民的家"。通过爱彼迎预订客房的
游客，会得到当地人的迎接和招待。游客借此可以直接接
触社区并深入了解当地的文化，客人的存在也给社区带来了
活力。这种住宅的目的就是建立主客之间的新关系。

一楼的社区空间，建造了一个面向吉野川的大檐廊，地板、
墙壁、天花板均由吉野柳杉建造。二楼设计成客房，采用吉
野扁柏建造，屋内充满了木材的香气。被纤细而美丽的吉
野树木包围着，让人从视觉、触觉、嗅觉上都得到满足。

一楼是对外开放的社区空间，计划开设咖啡厅。
这里计划改造成客人和当地人都可随意聚集的地方，在经营的同时也要考虑成本。

早晨外出散步的老年人
可坐在檐廊稍事休息。
客人可以在此
品尝当地的茶。

做完家务的妈妈们
可聚集在咖啡厅。
广场上，
孩子们玩着木头玩具。

客人的入住手续在咖啡
厅办理。在等待拿钥匙的
同时，客人可以自然地
与吉野町居民接触。

客人可从三角窗
眺望吉野川的夜景，
然后在屋内就寝。

HOUSE VISION 2016大展结束后计划搬运到这个地点。
吉野川河畔，被树林包围的空地。

二楼的三角屋顶房。
这是"吉野柳杉之家"的侧面。
屋顶采用了防水、耐磨损的柳杉树皮。
一楼是对外开放的空间，客人住在二楼。

2　吉野柳杉之家

日照极好的广场与檐廊。
这里是当地人与游客接触的空间。

以村为家，成为社区的主人

乔·杰比亚 | 爱彼迎首席产品官、联合创始人
Joe GEBBIA

爱彼迎提供给人们一种新的旅行方式，让大家可以住在世界各地人们的家中。本次，爱彼迎与东京建筑师长谷川豪先生一起，设计了可以促进人与人联系的建筑"吉野柳杉之家"。这是一种新的尝试，即重新思考主客之间的关系，重新构建"共享"和"拥有"的概念。客人居住的地方与吉野当地人聚集的场所重合，形成一种联系。在考虑吉野町整体的可能性和利益的同时，爱彼迎也摸索了对"共享"的定义做出更新的机制。

我认为这种活动是不可或缺的。随着人口老龄化和城市化的进程，日本的地方村镇开始衰退，不仅地方财政面临危机，传统产业也在衰退。"吉野柳杉之家"不仅坚守传统，还设计了诸多使用资源和空间的新方式。当客人走进用吉野柳杉建造、经吉野木匠盖成的房屋，脚下踏着木制地板，坐在长长的下凹式木桌旁品尝美味的时候，都可感受到与吉野人以及当地文化之间的联系。

"吉野柳杉之家"先作为展示用的房屋，展会结束后，会再次被运回产地吉野町，成为当地人与客人相聚，并一起寻找吉野之美的场所。住宿获得的一部分利润，通过新成立的基金，被用到吉野町的社区中。

我希望凡是在"吉野柳杉之家"住过的人，都能开始思考与当地社区的新关系。我很期待社区中心与共享房屋相融合，让当地人爱上这栋建筑，主客之间的相互作用每天乃至每时每刻都在变化，最终形成一个可以为地区传统和未来做出贡献的新空间。这也要归功于当地人的亲切，愿意将此栋房屋作为发展这个地区的一种新尝试。我相信这样的变化在任何地方都是可以发生的。

二楼室内的墙壁，
采用了吉野产的扁柏。
空间散发着扁柏的香气。
可通过眺望景色、触摸木材、
嗅闻木香来体验吉野。

2　吉野柳杉之家

3
"の"家

松下
×
永山祐子

何谓物联网

不限于电脑等信息和通信设备，
而是让世间存在的各种物体（物质）都具备通信功能，
可以互相通信，以进行自动识别、自动控制、遥感监测等。

从充满物品的家
变成充满故事的家

"の"家以最少的必需品构成。
如果只有一间小卧室，
连同浴室和卫生间都集中在房间的中央位置，
其余宽敞富余的空间，全都通过物联网连接，将会如何？
家中的物品会不断减少，生活也会变得更加轻松吧。
当物联网变得普及，"家"也许会变成如此轻盈的形态。

进化后的家，整体如同一个大家电。
童话"三只小猪"中出现的3种房子，
建筑师永山祐子认为最好的是轻到能被狼吹毁的"稻草屋"。
它拥有砖头房子所没有的轻盈与纤细，
通过现代技术，可以让它具备砖头房子无法具备的功能。
在这个设计中，家被形状像"の"的曲面墙包围，
墙的形状很自然地将人从室外引到室内。
曲面墙均为屏幕，在家中任何地方
都可以自由自在地欣赏电影，通过视频、
音频与人沟通，或是上网。屋顶最高处安装有外形像猫的传感器，
可以敏锐地获悉天气状况，并随时告知室内的居民。
厨房是独立的中央岛形式，
浴室和卫生间都集中在房间的中央位置，
它们的上方是卧室。中央部分设计成四方形，
虽然在感觉上这个居住空间被划分了，然而现实中却是无缝连接的。
家的形式从四方形的传统空间结构中解放出来，
"の"家是一个既敏捷又敏感的家。

风标猫

屋顶安装的风标猫，
通过传感器和摄像头来监视周围环境。

与外界连接的墙

"の"家的墙是一面白板。它既可以成为屏幕也可以成为音箱，
通过物联网将各种各样的技术运用于此。
不远的将来，也许可以在这面墙上观看体育比赛直播，
也可以在国外的商店在线试衣并购买，或者让宠物住在墙中保卫我们的安全。
住在这个家中的人们可以通过这面墙，以不同的距离与外界连接。

坐在家里，向名医咨询。
与客厅直接连接的医疗服务。
物联网医生

洗衣，或存放衣物。可以让衣物更清洁整齐，
送去清洗的衣物可迅速送回。
物联网洗衣与存放服务

家变成"人类的第二层皮肤"

以流畅的曲线将外部与内部自然连接在一起，
同时外部的光线和声音通过薄膜一样的屋顶柔和地进入室内。
未来，家也许会从"人类的庇护所"
变成"人类的第二层皮肤"。

增强现实（AR）标志

将平板电脑对准数字标志，
各种各样的未来生活方式
就以增强现实的形式显示出来。

像蒲公英一样轻盈

在像蒲公英一样轻盈的墙壁上，放置膜状屋顶，
这就是"の"家的形式。"の"家简单的构成与轻盈的重量，
无论在任何地方都可轻易搭建，容易拆装、搬运。

"の"家——扩展的"皮肤"

永山祐子
NAGAYAMA Yuko

建筑师、永山祐子建筑设计公司总裁。
1975年出生于东京。
1998年毕业于昭和女子大学生活美学专业。
1998—2002年就职于青木淳建筑设计事务所。
2002年创立永山祐子建筑设计公司。
主要作品包括"路易威登京都大丸店"
"有山丘的家""ANTEPRIMA""茅场咖啡"
"SISII""木屋旅馆""丰岛横尾馆"
"涩谷西武AB馆5F"等。
先后获得欧莱雅鼓励奖、JCD设计鼓励奖、
AR Awards（英国）优秀奖（有山丘的家）、
ARCHITECTURAL RECORD 奖、
Design Vanguard 2012、
JIA新人奖（丰岛横尾馆）等众多奖项。

迄今为止，人们希望家就像"三只小猪"中的砖头房子一样，保护自己并抵御外界的危险。而这个家则像"稻草屋"一样轻盈，有着简单的结构，通过物联网让居住的人以不同的距离与外界相连。通过这个家可以了解周围的环境，瞬间获取远处的信息，家成了将外界与人连接在一起的另一块"皮肤"。进化后的家，就像皮肤一样轻柔、可变，可以随意变更搭建地点。

"の"家将薄薄的墙壁弯曲成"の"的形状，顶着两层膜状轻屋顶，结构非常简单。这面墙很自然地连接了从外向内的空间，承载了各种各样的技术。时而变成大屏幕，时而变成与外界相连的门，时而变成记事板。膜状屋顶让外部的光线和声音柔和地进入室内。屋顶上的"风标猫"监视着周围的环境，随时向主人传达外界的天气情况。即使坐在家中，也可以时刻了解周围的环境和情况，给乏味的日常不时带来新鲜感。大屋顶的下面是一个大房间，被中央的四方形核心部分区分开来，无论在哪个角落都能感知到家人的动向。通过"の"家，人们不仅与外界产生了联系，家人之间也能形成新的沟通方式。它结构简单，质量轻盈，非常便于拆装和携带。在空间中放入什么，全凭主人的喜好。由于物联网的普及，未来的家一定会从充满物品的空间变为充满故事的空间。到了那个时候，家里的东西自然会越来越少，让我们更加轻松。能够应对这种变化的轻盈之家，才是未来之家吧。

曲面墙是一段长长的白板，
既可以成为屏幕也可以成为音箱，
是一个汇集了多种技术的地方。

3 "の"家

物联网创造空间

稗田悟 | 松下株式会社品牌传播部
HIEDA Satoru

松下

创立于1918年的综合性电子产品生产商。
公司以"提高人类的生活品质,
推动社会发展"为基本理念,
业务范围涉及家电、住宅、车载、
B2B(企业对企业)解决方案、
机械装备五大领域,
专注实现"更好的生活,更好的世界"。
公司致力为人们提供"集硬软件与服务"
为一体的综合解决方案,覆盖范围包括家庭、
办公司、商店、汽车、飞机,甚至大街小巷。

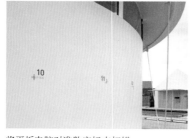

将平板电脑对准数字标志扫描,
各种各样的未来生活方式
就以增强现实(AR)的形式显示出来。

最近几年,社会的各个角落发生了巨大的变化,用一个词来形容就是"常识崩溃"。比如汽车或房子所代表的共享经济。人们不仅"拥有"物质,而且还通过"利用"方式改变物质的价值,这种方式在生活相关的领域不断发展着。

支撑这些服务的,是信息技术及人工智能技术的进步。特别是物联网,通过传感器及控制部件,使各种事物可以通过互联网相连,实现了前所未有的服务,这个技术有望成为"产业革命最大的冲击"。

当物联网渗透到生活中以后,住宅的意义也许会发生极大的变化。包括家电,延续传统思路的想法可能再也行不通了。松下公司期望通过家电产品及住宅设备,实现人类更加美好的生活的愿望并解决社会课题。"以人为中心"是我们的原点,也是我们的基因。

在居住空间中引入物联网,可以创造出怎样的生活方式呢?在"の"家这个作品中我们可以看到,物品特意缩减到了最少,建筑本身的结构也尽可能简单,很容易搭建,并考虑了如何应用物联网,以及可能带来哪些新的生活方式。

这个设计的目的,并不单单是对新技术的尝试,而是希望大家能够重新审视身边的居住空间,让这个设计成为"空间孕育新价值"的一种发明。比如说,让独身老人感觉不到孤单,与邻居们建立新的关系,享受从未有过的服务。我们能否发明这样一种空间?这些想法都可以在"の"家中看到。

大家在此感受到了什么?受到了哪些启发?请坦率地与我们分享。如果这次合作能让我们共同思考未来新的生活方式,我将感到十分荣幸。

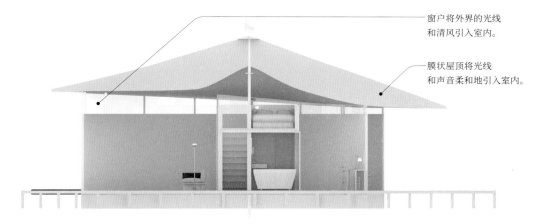

窗户将外界的光线
和清风引入室内。

膜状屋顶将光线
和声音柔和地引入室内。

浴室和卫生间集中在室内中央部分,
上方是卧室。

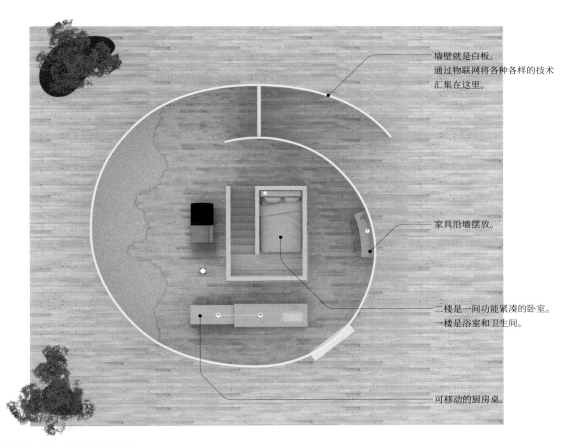

墙壁就是白板。
通过物联网将各种各样的技术
汇集在这里。

家具沿墙摆放。

二楼是一间功能紧凑的卧室。
一楼是浴室和卫生间。

可移动的厨房桌。

中心的四方部分,将空间自然分割。
生活的基本需求,
被墙面上承载的物联网服务所包围。

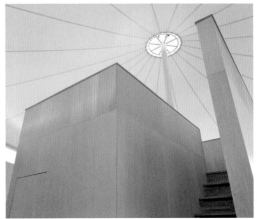

床和浴缸
集中在房屋中央呈四方形的"の"之中，
物联网以及各类媒体平台
形成的外墙则是
一个无缝曲面。

无印良品与建筑设计事务所Atelier Bow-Wow有在都市、农村两地扎根的想法。

无印良品与地处房总半岛中部的村落——"釜沼"一直保有联系。

日本的山区很多，由于人口老龄化的加剧，

下田插秧和收割稻子的季节人手短缺，

每逢这两个季节，无印良品都会面向全日本招募人手，

将下田插秧和收割稻子作为一场活动，呼吁人们帮助山区人民。

虽然赚不了多少钱，但种植稻米并非只为经济价值。

稻米代表了日本的风土。种稻不仅仅是生产大米，

还孕育了日本文化。管理稻田过程中产生了治水的智慧与美丽的景观，

收割后的稻茬还被人们做成了绳子、草鞋以及装饰品。

在日本人的直觉里，这样的生活绝对不能丢失。

只需一台电脑，在哪里都能工作的人们，可以边看稻田的风景边工作。

由此诞生的建筑就是"梯田办公室"。

4

梯田办公室

无印良品

×

Atelier Bow-Wow

牢固而宽敞的SE结构

房子的骨架采用了与"无印良品之家"同样的SE结构。
建筑的支撑不采用柱子和墙，而是采用梁柱组合在一起的形式，
形成牢固又宽敞的空间。

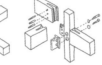

农家手工工房

选择了容易在
建材商店买到的材料，
如聚碳酸酯瓦楞纸板和乙烯基板，
以便人们之后自行修理和改造。

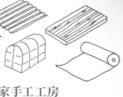

二楼是"办公室"

"晴朗的日子帮忙做农活，下雨的日子就在室内办公"。
这种晴耕雨读的工作方式，在"梯田办公室"的二楼就可以实现。
眼前是一片四季变换的自然景色，
即使是清风徐徐、阳光明媚的梯田，
只要放上一台电脑就可以立刻变成工作场所。
木桌椅与良品计划总公司的一样，令人身处"温馨的工作场所"。

通风极好，可360度眺望外景

上翻式墙壁。
可以看到的天空的变化
将梯田风景引入室内。

一楼是"农业"空间

插秧、割稻、收稻，所有农活需要的工具都放在一楼。
四周用推拉门围起来，推拉门可以藏在户袋中。
（日式推拉门打开后藏入户袋，里面能看见，外面看不见）
将门全部打开后，会出现一个亭子一样的空间。
一座可以躲雨，可以避开日晒的亭轩。农具或工具可以挂在架子上。
在平台上可以开个碰头会，也可以开烧烤派对。

梯田办公室
开工啦

HOUSE VISION 大展结束后，
其中一栋建筑将会搬迁到
釜沼的梯田旁，作为良品计划的
卫星办公室，被职员们实际利用。

"梯田办公室"参照的建筑

用来储藏   冈山市后乐园
种子的"种藏"   一层只有柱子的"流店"

梯田办公室的"乐农生活"

9:00 – 在城市中的办公室开碰头会。
11:00 – 开车前往鸭川（顺利的话90分钟左右就到）。
12:30 – 到达"梯田办公室"。工作人员一起在平台上吃午餐、开会。
14:00 – 在"梯田办公室"的二楼集中工作。
17:00 – 傍晚天气变得凉快了，帮忙除草。
19:00 – 与当地人一起烧烤鸭川的海鲜，然后回家。

梯田办公室

冢本由晴 | Atelier Bow-Wow
TSUKAMOTO Yoshiharu

Atelier Bow-Wow

1992年，冢本由晴与贝岛桃代两人
创立了Atelier Bow-Wow。
2015年，玉井洋一成为
Atelier Bow-Wow的合伙人。
他们从民族特色的角度对国内外住宅、
公共空间的设计、
建筑和城市空间进行研究，
在此基础上倡导以"行为研究理论"来
思考自然、人和事物的关系。

冢本由晴

建筑师、东京工业大学教授。
1965年出生于神奈川县。
1987年毕业于东京工业大学工学部建筑专业。
1987—1988年留学巴黎建筑学院。
1992年与贝岛桃代一起
成立Atelier Bow-Wow。
1994年完成东京工业大学大学院博士课程，
获得工学博士学位。现为该大学教授。
曾担任哈佛大学设计研究生院、
加州大学洛杉矶分校、丹麦皇家艺术学院、
巴塞罗那建筑学院、康奈尔大学、
代尔夫特理工大学的客座教授。

Atelier Bow-Wow用"农家手工工坊"
这个词形容梯田办公室。
提出了使用山区材料，
打造融入景观的建筑
以及在山区工作的空间。

我们生活在大城市，周围有的是能源、土木设施、建筑、房子、汽车、电车、家电产品、书籍、衣服等，都是人工制品。食物是在其他地方制作或加工成的，各种服务也被当作商品提供。从制造环境到制造物品，甚至到款待客人，一切的一切都被产业化。众多的人、物、技术、制度通过产业社会被联系在一起。然而使用这些商品的人，对这些事物是如何联系在一起的却不全都了解。回顾历史，我们已经被塑造成不了解这些事情也可以活得很好的人。然而在这种产业社会的关联中生存总令人感到一丝不安，这种不安，在东日本大地震以及接连而来的海啸和核电站事故以后，变得更强烈了。

如果我们去日本的农村或渔村，就能看到天天与大自然一起生活的人们。当然他们也使用汽车或电子产品，但他们的生活和住宅，被身边的大自然、历史、风俗、信仰所包围，因此他们与民族、历史的关联更强些。与民族、历史有关联的生活，在现代化的潮流中一直被赋予较低的评价，因为它束缚了个人的自由。但由于人们对过于产业化的社会感到不安，它的价值正在一点一点地被重新发现。当然，靠山吃山、靠海吃海的生活会很辛苦，但考虑到农村人口严重减少，仅从居住角度，重新审视一下生活与民族、历史的关联性，也许会成为一个重要课题。想到这里，与产业社会和民族、历史都有关联的建筑，一定能在实践中发挥它的实力。

这栋房子采用了与"无印良品之家"同样的SE结构，建成了由4根柱子支撑的哨楼。一楼是檐廊及农具放置处，二楼则作为办公室。远远望去，与宫川町的"种藏"和后乐园的"流店"都有着相通之处。晴耕雨读的现代版"梯田办公室"，重新连接了建筑与民族、历史。

4 梯田办公室

4 梯田办公室

温馨的工作方式

金井政明 | 良品计划董事会主席
KANAI Masaaki

无印良品

无印良品创立于1980年，
最初打出"有道理的便宜"的宣传口号，
与传统的消费社会反其道而行。
用最恰当的方式生产出生活中最需要的东西，
是其产品开发的基调。
该公司从重视生活美学的角度出发，
孜孜不倦地追求"舒适的生活"。
"无印良品之家"贯彻"永续使用、
永恒变化"的理念，
提出可以自由地改变生活方式、
既牢固又富于变化的家居方案。

右页：上图是房总半岛南部，
人们在釜沼梯田插秧的情形。
许多人从大城市专门赶来，
与当地人一起插秧或收割稻子
是"山区托管"活动的一环。
下方左图是"水与土艺术节"上，
Atelier Bow-Wow与东工大冢本
研制作的"佐渴生活观测舍"。
右上图是冈山市后乐园中，
一层只有柱子的建筑"流店"。
右下图是储藏种子的建筑"种藏"。

"呀！抓到啦！哈哈哈！"孩子们的欢笑声在梯田上回响。这是当地人好久没有听到的声音。

从大城市赶来参加活动的孩子们和家长们，准备欢迎活动的当地老人，以及良品计划的工作人员，全体成员都满怀成就感参加了在鸭川市釜沼举办的"山区托管"活动。本次活动也是以"从当地开始，建设日本的未来"为口号的无印良品举办的"地区日本"活动之一。我们一边思考什么才是温馨的社会和生活，一边面向未来认识了"与自然共生""共同体再生""减法创意"这三个非常重要的概念。

人口减少、老龄化、资源能源、环境、城市与地方、传统与文化等课题堆积如山的现代社会中，向世界宣传"以让步和淳朴为理念的简约生活"是无印良品的工作。由于信息技术的进步，即使不在大城市工作，也可以随时思考、随时沟通。我们将以更接近当地的方式，与当地居民、非营利组织、创意工作者一起，将目光转向当地问题。于是我们在釜沼的梯田上搭建了办公室，开展日常业务和面向当地的工作。

我们将"梯田办公室"的修建，委托给了思维方式和才能都值得信任的Atelier Bow-Wow，双方一拍即合。建筑要融入当地的环境和风景，尽量使用大自然的材料，能看到连绵的高山与梯田，要有归置农具的地方，还要有一个大平台用于烧烤或会议。这些构思都是瞬间出现在脑海中的。

我们把这样的生活叫作"农乐生活"，借此重新认识当地资源，从生活中寻找创意，在大自然中互相帮助，以便在未来回归人类应有的生活方式。以"梯田办公室"为基础的数据全部作为开放源，目的是让所有人都能利用。我们希望为"构建光明的未来"做出贡献，让孩子们的欢笑声充满世界。

日本跨入了革新的时代。

为了从崭新的角度开拓新的市场，

三越伊势丹与建筑师谷尻诚、吉田爱开展了合作。

这个"家"名为"新游牧民族"，

目标人群是那些居住地不固定，经常出门在外的人们。

由于经常东奔西跑，这些人的交友范围也很广。

相比住在一成不变的公寓中，

他们更愿意居住在一个可以舒适度过半月的场所，

或者是一个可以轻松招待朋友的地方。这就是这个设计的初衷。

世界或许已经开始从定居的时代，再次回到了流动的时代。

比如百货商店，凭借超强的商品采购能力，

无论是威尼斯的彩色玻璃吊灯，还是北欧的家具，

或是京都老字号裱糊店的日式门窗，都能随时采购到。

百货商店与顾客之间的信任关系也是莫大的财产，

是建筑师与房主之间理想的媒介。

百货商店的专长就在于，在谨慎的交易中，

以令人惊叹的方式采购高价商品。

5

迁徙之家

三越伊势丹

×

谷尻诚、吉田爱

材料——克制中诞生的对比

房屋背景仅用黑皮铁、柳杉古木材、

砂浆构成，以便更好地衬托放在里面的物品以及生活本身。

小屋——以最有限的元素烘托出细节

内部配置的 3 栋小屋，

集合了日本建筑的元素，仅以黑皮铁构成。

这就是日本——重新思考富足礼

三越伊势丹主张"这就是日本"的理念。

侧耳倾听，认真感受，可看、可尝、可触。

住在四季分明的日本，五官的感受陶冶了日本人特有的审美意识，

如"侘寂"、"余白"及"拟景"等，运用了这些审美意识的建筑空间，

重新思考了现代富足社会的概念，这就是这个住宅的目的。

茶室——在未完成中发现美

继承了"茶汤"精神，
即从"完成"的另一极"未完成"中发现美。

厨房、餐厅——五感与殷勤款待

设置在开放的庭院中。
用五种感官"品尝"食物。

虚拟房主

在世界各国飞来飞去，
带着一台电脑在哪里都可以工作的"新游牧民族"。
每年大约三分之一的时间都在国外出差。
游遍世界各地，相对也重新认识了
日本的美好。招待客人时，
比起高级餐厅更喜欢在自己家里，
希望在休闲的氛围中，
提供更能体现日本文化的空间和季节分明的菜品。

生活方式成为家

以百货商店的高信用度与超高的商品采购力为背景，
构思了唯有三越伊势丹才能实现的革新。
百货商店作为房主和建筑师之间的媒介，
为房主提供大量的供货网络，选择和采购物品。
"家"不单单是一栋建筑，而是环境空间、生活的累积，
房主的生活方式应该直接成为他的家。
这里提供的就是这种极致之家。

念的概念

房主可以下这样的订单：

我想要在丹麦酒店
看到的那种淋浴喷头。

我希望有个壁炉，
上面用来摆放我喜欢的陈设。

我希望厨房与爱车——红色的
保时捷一个颜色。

我希望院子里有个木平台，
在那里可以烧烤。

我想要
一把三脚椅。

我希望
浴缸在客厅里。

迁徙之家

谷尻诚、吉田爱
TANIJIRI Makoto, YOSHIDA Ai

两人于2000年创立建筑设计事务所
SUPPOSE DESIGN OFFICE。
2014年成立SUPPOSE DESIGN
OFFICE 公司。业务范围广泛，包括住宅、
商业空间、展场、景观、
产品设计和空间装饰等。
他们立足于广岛、东京两地，
目前正在推进从室内装饰到住宅，
以及综合设施等多个国内外项目的设计。

不方便中也有富足。空间的富足究竟是什么？物质和信息越来越多，从某一个层面来说，社会的确变得比以前富足了。与现在相比，日本从前的住宅肯定是非常不方便的。比如说被叫作"鳗鱼床"的町屋，吃饭时就得从客厅里出来再穿上鞋子，下雨的话，在家里还得打伞。五右卫门浴池要花时间烧热水，里面的人和外边的人互相询问才能把水调到合适的温度。这些生活要素都需要"人"来支撑。

以前我在这种不方便的住处生活时，经常感到厌烦。但后来发现，水倒在马路上，就有凉风穿过庭院进入屋中，下雨下雪这些话题总是很自然地成为饭桌上的谈资。"谢谢你，我要泡澡了"这种话表达了一种感谢之情，"今天的热水烧得不错啊"也能很自然地说出来。将"家"作为一种工具使用顺手后，就发现自己越来越爱家，虽然有很多不方便的地方，但由此家人的沟通也更多。今天，我反而觉得旧时的房子，拥有享受大自然的智慧，是一个"有感情的家"。

我们现在不需要特别制造一些不便，而是需要思考存在于家中的感情，一个可以让人很自然就能爱上的场所。我们就是希望设计这样一种空间。将室内环境作为一块建设场地，在它的内部搭建建筑，将建筑之间打造成家中的庭院。于是我们设计了这样一种"别馆"式空间，虽是室内，却有几栋独立的建筑和庭院。我们限制了建筑材料，主要用铁构建，这种材料上的克制，反而让生活、空间中发生的事情成为主角。

在信息泛滥的现代，我们希望人们能主动将居住空间缩到最小去使用，于是设计了这个能体现现代富足生活的新住宅形式。

让生活方式融入家

大西洋 | 三越伊势丹控股公司董事长
OHNISHI Hiroshi

三越伊势丹
公司以"致力于创造高品质的全新生活方式，
通过为顾客提供全方位的日常生活服务，
让公司成为每一位顾客信任的私人百货商店，
力争成为高收益且能持续发展的世界
一流零售服务集团"为经营理念，
不断挖掘百货商店的全新潜能。

我们每天都在为顾客寻找潜在的价值和可能，并努力实现它，为顾客提出新的生活方式。针对本届HOUSE VISION，我们首先制定了"让生活方式融入家"这个概念，希望基于环境空间、与生活相关的一切，来表达新的价值观：未来的生活，不单单是房子本身。

在此过程中，一个最重要的思考就是"怎样的生活方式适合怎样的人"。我们打出了"这就是日本"的经营战略，关注日本人的感受，希望重视日本特有的精神。这个作品从日本的精神与未来的价值观出发，设定了名为"新游牧民族"的居住空间，作为时代潮流的革新。所谓"新游牧民族"，指的是游历世界，只要带着电脑就可以把任何地方变成办公室，不再有工作与休闲、家与办公室的明显界线的这群人。正因为走遍了世界，在日本居住的时间比较短，才对日本的本质有了实际的感受。我们创造这种无法纳入传统套路的生活方式，希望借此创造未来的生活方式。

项目中，如何表现和传达这样的价值观，是一个非常让人头疼的课题。百货商店虽然积极宣传这种价值观，但我们的考虑超越了百货商店的窠臼。在实际的"家"这个空间中，去表现这样的生活方式具有极大优势，所以我们采用了与传统方式不同的手法，将想法变成了现实。首先，我们考虑用空间来表现新的价值观，于是邀请建筑师谷尻诚先生和吉田爱女士来做空间设计。两位建筑师创造出的空间通过五感和材料来体验，采用三越伊势丹与衣、食、住相关的商品来打造，这个"迁徙之家"超越了"家"的概念，向人们提供新的价值观。

6
租赁空间塔

大东建托

✕

藤本壮介

专做租赁住宅的大东建托公司
与建筑师藤本壮介本次合作的主题是
"重新定义租赁住宅"。通常的租赁住宅，
都是尽量扩大每户人家的专用空间，
与其他人家的共用部分缩小到只有走廊的这种结构。
但如果把私人空间缩到最小，把厨房、浴室、
影院、庭院等共用部分尽量扩大，会如何呢？
这样，人们就可以在宽敞豪华的厨房里制作美味的料理，
在宽敞舒适的浴缸中伸展身体，
在宽敞悠闲如同图书馆的空间阅读。
传统的共享房屋将连接每个人房间的部分用作客厅，
本项目与此不同的是，个人空间与共用部分鲜明区分开，
将两者以新的形式重新连接，
由此得到气氛良好的租赁住宅。
时间宽裕的老年人以及擅长打理庭院花草的人
一起管理共用庭院，所有居民都能受益。
曾经枯燥的走廊也能变成有人情味儿的综合空间。

宽敞豪华的浴室
人们在一天中使用浴室的时间是非常有限的。
把这部分作为共用空间的话，大家都能使用配备了最新功能、
宽敞又豪华的浴室了。

家庭影院
配备了高性能的放映和音箱设备。
白天可以用作老年人的歌厅。
晚上可以用作年轻人的影院。

客房
有客人留宿时使用。
没有客人的时候也可用作民宿。

大家的田地与植物
喜欢打理院子的老年人可以种植植物。
也可以借用一块田地，种上自己喜欢的作物。

重新定义租赁住宅

先将传统的租赁住宅分解成"个人空间"与"共用空间"，
然后再进行物理上的重新布置，试图从中找到新的价值。
将缩减到最小的个人空间与扩张到最大的共用空间，
如同积木般自由搭建后，诞生了一种从未有过的空间。

缩减到最小的个人空间

个人的空间仅有床、储物柜和卫生间。
将最低限度生活所需的元素凝缩在7—16平方米的小空间中。

扩张到最大的共用空间

厨房、浴室、图书馆、楼梯及走廊，宽敞大气。
不是居民也可按小时租用。

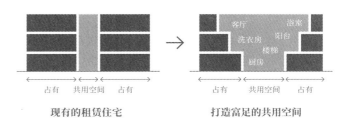

现有的租赁住宅　　　　　打造富足的共用空间

图书馆

把每个人的书架集中放在这里，就变成了一座图书馆。
人们可以通过书籍与别人共享自己的兴趣和关心的领域。

走廊和楼梯同时也是庭院

不是将体积不同的空间放入大楼中，
而是将空间错开，形成楼梯、
走廊、平台这些共用空间。

宛若小小的街道

老人、年轻人、学生、单身的人、年轻的夫妻，
不同年龄和职业的人们集合到一个屋顶下，自然会有新鲜的联系产生。
比如双职工夫妻的孩子需要照看时，年纪大的老夫妻家庭就可以伸出援手。
至于共用部分的庭院，喜欢植物的人们自然会仔细照看，令植物永远光彩照人。

中央部分是餐厅和厨房

宽敞的餐厅和厨房成为居民的交流中心。
设计成居民共同使用的方式，
不仅可以使用功能齐全的料理设备，装修也很豪华。
这里不仅是日常用餐的地方，还可以用来招待朋友
或是伏案工作。大家就像在咖啡厅一样，可以轻松享用美食。

设计计划在272平方米（17米×16米）的建筑面积中为8户人家共11位居民提供住宅。
展会上的房屋去除了周围的部分，面积只有156平方米（12米×13米）。

重新定义租赁住宅

藤本壮介
FUJIMOTO Sou

建筑师。
1971年出生于北海道。东京大学工学部建筑学专业毕业后，于2000年创立了藤本壮介建筑设计事务所。2014年获得法国蒙彼利埃国际设计竞赛最优秀奖，2015年因设计巴黎综合理工学院新学习中心，获得国际设计竞赛优秀奖，并在2017年的"重塑巴黎"国际设计竞赛上获得了潘兴地块最优秀奖。主要作品有"伦敦蛇形画廊2013""House NA""武藏野美术大学图书馆""House N"等。

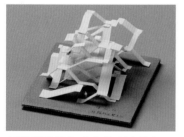

房屋初期的模型。仅将共用空间扩大。探索了租赁空间与共用空间混合交融的关系。

将一个个空间向上堆放，形成了多个平台，再将这些平台以建筑连接。

所谓租赁住宅，本身就像一条小小的街道，也是一个社会的缩影。如果可以这样定义的话，那么重新发明租赁住宅，是不是也可以改变城市生活、城市景观，或是社会的存在方式呢？与大东建托一起合作本次HOUSE VISION的作品时，我感到最有意思的就是，这种租赁住宅拥有的潜在空间非常大。

与此同时，"租借"这种行为，也开始变得更加广义。住宅租赁是一种非常古老的租借方式。除此之外，还有投币存储柜这种小空间的短时间出租，爱彼迎所运营的按时间切割空间来共享，优步将移动时间进行共享的方式。将住宅或其他空间以时间为单位出租的各类生意，在现代社会将会越来越多。

而我认为最有意思的事情是，这些租借行为可以带来沟通的可能性。从前的租借行为，可能一直在推进投币柜那种无人的方式，今后，伴随着租借行为，也会产生各种各样的沟通吧。借用空间也许可以和打理空间（出租行为与时间）并行，建筑可以得到很好的维护。通过租借一个场所让无数人共享，此处必定伴随着人的行为，有人来访，有人在此交流。之后难道不会出现一种新的城市形态吗？

租赁住宅作为这种形式的"小社会"，也许会更新我们对生活和沟通的认识，我希望参展的作品能带给人们这样的灵感。

6　租赁空间塔

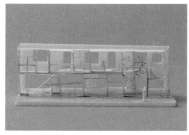

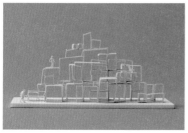

不是将体积不同的空间
放入大楼中，而是将空间错开摆放，
以形成楼梯、走廊、平台这些共用空间，
与租赁空间混合交融。

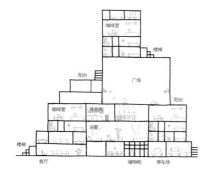

重新定义租赁住宅。
将街道上到处都有的租赁空间集中到一个场所。
各种租赁空间集合以后，形成一个丰富的共用空间。
这个作品尝试将私人空间缩小，与共用空间一起像搭积
木一样堆积上去。这就是"租赁空间塔"。
右边是多次尝试和研究逐渐变化的模型。

共享住宅的下一步——新一代租赁住宅

小林克满｜大东建托常务董事
KOBAYASHI Katsuma

大东建托

创立于1974年。
以特有的"租赁经营委托系统"
为中心经营业务，代替业主
"开展全方位的租赁经营"，
包括"企划和立项""设计和施工"
"入住者协调""管理和运营""一次性征借"等。
2014年，顺应多样化的生活发展趋势，
创立集"宣传、建议、创造"于一体的
租赁住宅未来研究所。
从多角度探求租赁住宅的全新价值。

大东建托自1974年创立以来，一直是专业的租赁公司。公司租赁的住宅、管理的住户在2016年超过96万户，相当于日本排名第三的名古屋市的总户数。我们除了为住户提供舒适的生活和服务，还认识到我们在租赁制度和商业习惯方面，为提供更好的租赁住宅并改良社会，应负有相应的责任。同时，由于共享经济和极简主义的出现，在社会和生活方式发生巨变的背景下，我们认为创造出"只有租赁才能做到的生活方式"，不断提供新的居住价值，会越来越重要。

本次作品受到HOUSE VISION"分而合，离而聚"这个主题的启发，与合作伙伴藤本先生商议后，将作品的主题定为"重新定义租赁住宅"。

在重新定义的过程中，我们采用"专用与共享""外部和内部""拥有与租赁""家人与个人""地区与住户"等各种成对的概念，将租赁住宅打回原点重新做了思考，并试图从中发现新的生活方式。藤本先生和事务所的工作人员提出了许多令人振奋的创意，最终的成果落实在了本次"租赁空间塔"这件作品上。在"租赁空间塔"中，个人的专用空间缩减到了最小，并扩展了共用部分，创造出一种新的空间，也就是共用兼专用空间（有时共同使用，有时变成个人专属），以达到空间和时间上的扩展。比如餐厅和厨房设置了智能锁和时间共享机制，人们可以一起就餐、举办派对，从中似乎可以看到个人与个人之间舒适又愉快的距离。租赁费用也需要考虑"基本租金（专用、共用的固定费用）加使用费（选择共用、限时出租）"这种新的制度吧。

新的时代需要新的租赁住宅……哦不对，应该说新的租赁住宅打开了新的时代。我们希望把"租赁空间塔"商业化，应用到社会中。

右页：上方是宽敞的屋外共用空间，
也就是庭院。下方是室内。
共享的厨房、浴室、图书馆都非常宽敞。

这是着眼开发新技术、放眼未来居住形式的骊住公司与思考"低成本轻快之家"的建筑师坂茂的
合作作品。骊住发明了一种新形式,将浴室、卫生间、厨房的管线汇总到一起,
不是在地板下方而是在天花板上方布管,使得这些需要给排水的房间可以更自由地布局。
骊住还把灯具这类生活必需设备的管线也集中起来,形成了真正可以叫作
"生活核心"的单元。还有,将厚重的玻璃窗以令人惊异的轻快推拉技术,设计成可上翻的形式,
玻璃窗旋转90度后可推入侧面的收纳机关中,打造出一个非常宽敞的开口。
同时,以PHP板(胶合板中间夹入纸质蜂窝板)
这种强度足够的轻量材料建造房屋,也是设计师坂茂全新的构想。
屋顶和外墙采用了拉锁式帐篷这种崭新的形式。住宅结构明快,
房主可以自由改变房间的大小并决定是否分割房间,这一点也是十分有个性的设计。

汇集 生活核心 | 需要给排水的房间汇集在一处

与浴室、卫生间、厨房这些"生活核心"部分一起,
灯具等生活必需设备的管线也与给排水管线汇集在一处。
这种崭新的给排水系统,可以从建筑主体完全独立出来。
不仅没有施工和房间布局的限制,不同用途的房间也可以自由布局在任何一处,
实现了人们自由摆设空间的梦想。"浴室、卫生间""卫生间、洗脸间"
"浴室、卫生间、厨房、洗脸间"等,人们可以按照自己的生活方式自由组合。

7

汇集与开放之家

骊住

×

坂茂

打开的空间

大玻璃窗可以上翻到水平面,
也可以旋转90度收纳到房子侧面的机关中。
如果将所有窗户打开,
则木制平台与室内将毫无障碍地成为一体,形成一个大客厅。

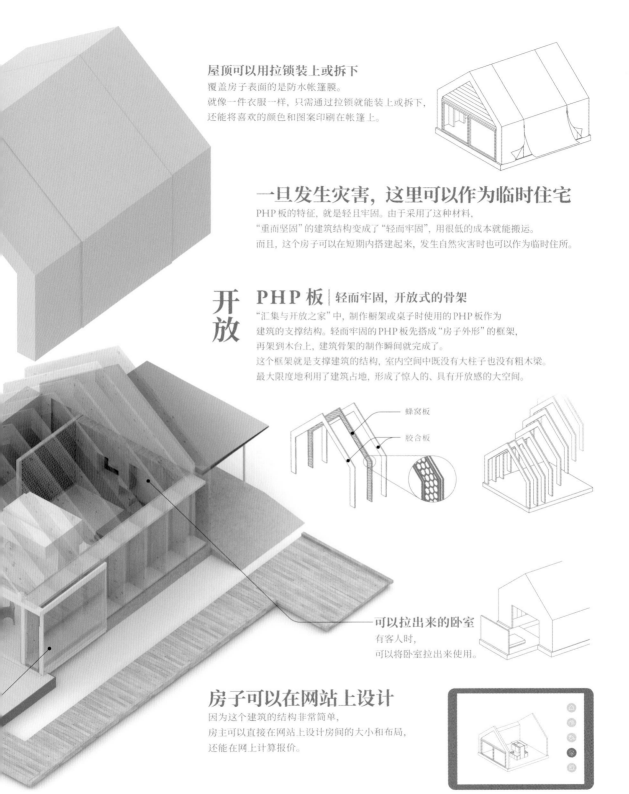

屋顶可以用拉锁装上或拆下

覆盖房子表面的是防水帐篷膜。
就像一件衣服一样，只需通过拉锁就能装上或拆下，
还能将喜欢的颜色和图案印刷在帐篷上。

一旦发生灾害，这里可以作为临时住宅

PHP板的特征，就是轻且牢固。由于采用了这种材料，
"重而坚固"的建筑结构变成了"轻而牢固"，用很低的成本就能搬运。
而且，这个房子可以在短期内搭建起来，发生自然灾害时也可以作为临时住所。

开放

PHP 板 | 轻而牢固，开放式的骨架

"汇集与开放之家"中，制作橱架或桌子时使用的PHP板作为
建筑的支撑结构。轻而牢固的PHP板先搭成"房子外形"的框架，
再架到木台上，建筑骨架的制作瞬间就完成了。
这个框架就是支撑建筑的结构，室内空间中既没有大柱子也没有粗木梁。
最大限度地利用了建筑占地，形成了惊人的、具有开放感的大空间。

蜂窝板

胶合板

可以拉出来的卧室

有客人时，
可以将卧室拉出来使用。

房子可以在网站上设计

因为这个建筑的结构非常简单，
房主可以直接在网站上设计房间的大小和布局，
还能在网上计算报价。

PHP板和生活核心

坂茂
BAN Shigeru

建筑师。1957年出生。
1983年毕业于库伯高等科学艺术联盟学院
（Cooper Union）建筑学系。
1982年就职于矶崎新艺术工作室。
1985年创立坂茂建筑设计公司。
1995—2000年在联合国
难民事务高级专员办事处任顾问。
2001—2009年任庆应义塾大学教授。
2010年任哈佛大学设计研究生院客座教授。
2014年获普利兹克奖。
主要作品有"玻璃墙屋"
"汉诺威国际博览会日本馆"
"梅斯蓬皮杜艺术中心"等。

PHP板作为建筑的支撑结构。
墙面与屋顶则采用了拉锁式防水帐篷膜。

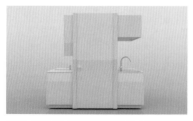

浴室、卫生间、厨房等需要给排水房间的管线，
与空调电线等管线集中到了一起。
"生活核心"单元与建筑主体完全隔离，
摆脱了房间分割的约束，
房主可以自由设计空间布局。

本项目采用PHP板作为建筑的支撑结构，与建筑主体完全隔离的"生活核心"单元可以自由布置，是成本低、搭建简易的新式住宅。

"房子外形"的PHP板框架以1米为间隔，安装在纤维增强复合材料（加砂）的基础上，模块化的PHP板固定在墙和屋顶的框架之间。最后，在整个房子外面装上拉锁式帐篷膜，作为防水。最后一道工序工期一周。随后，将"生活核心"单元放入建筑中，安装门、窗和门窗框，一个家瞬间就完成了。

这栋50平方米的小住宅，与密斯·凡德罗的范斯沃斯住宅一样，通过一个方形的核心部分，与周围形成了不同的空间。门厅、客厅、餐厅、厨房、浴室、卧室都是"通用空间"。墙上的玻璃窗可以打开，让客厅与外部空间连成一体。有客人时，卧室可以向外拉出，放在停车位上方，也可以扩展室内空间。家可以换个模样，变成另一种形态。

由于结构非常简单，顾客可以下载应用，自行设计、计算价格、下订单。住宅也成了一种可以"在线销售"的商品。

在日本盖房子只有三种方式。第一种是找建筑师委托设计，第二种是找当地的工务店做设计和现场施工，第三种是找快装厂家订购。本次项目，作为第四种方式，不需要委托建筑师做任何特殊的设计，也不必忍受快装厂家的样式限定，这个作品针对的就是想避开这些问题的顾客。

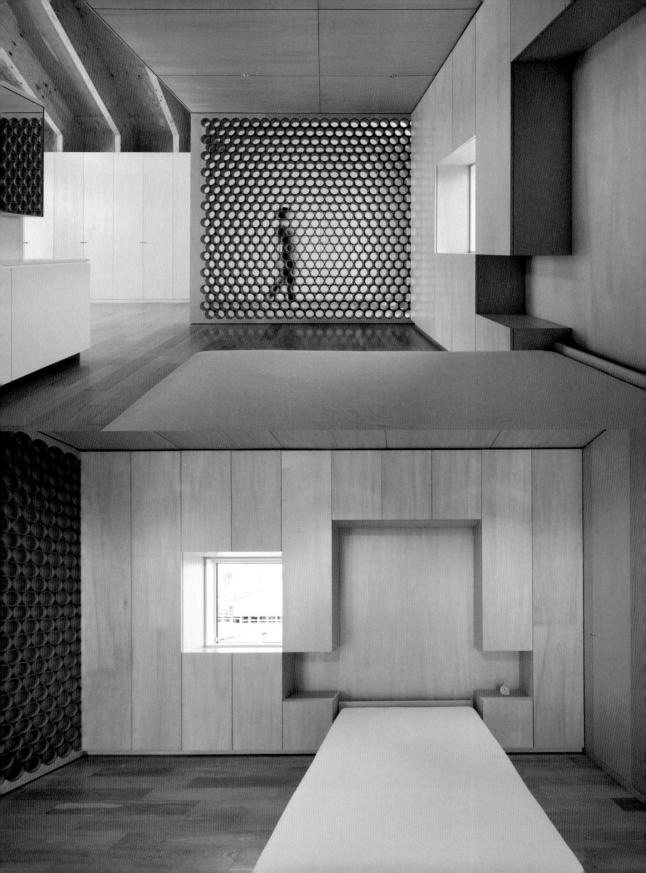

为了保证有一个较大的开口，
又大又重的玻璃窗需要能够灵活推拉，
还要保证能够有地方收纳。
这个玻璃窗旋转后
可以收进侧面的机关中，
还可以直接向上翻起来。

汇集生活核心

川本隆一 | 骊住集团董事、执行副社长
KAWAMOTO Ryuichi

骊住
以"为全世界人们拥有更丰富、
更便捷的居住生活做贡献"为经营理念，
是通世泰（TOSTEM）、伊奈（INAX）、
新日轻、三维普（sunwave）、庭思（TOEX）
等顶级家居品牌联合成立的一家，
集居住和生活为一体的综合企业。
2011年4月创立。
公司以"建立通往美好生活的纽带"为口号，
通过新建家居、旧屋改建、
公共设施和空间改造等服务，
为人们奉献高附加值的综合解决方案。

右页："生活核心"单元的多种使用方式。
为了汇集浴室、卫生间、厨房、通风、
空调等生活核心，发明了将给排水
和通风管道汇集到天花板上方的崭新系统。
"生活核心"单元独立于建筑主体，
可以从建筑施工和房间布局的限制中解放出来，
放在房间的任何地方，
单元的套装组合也可以自由取舍。

为了让人们住上更加满意的房屋，过上更加舒适的生活，骊住不断开展业务活动，立志站在生活者的角度做出创新。本次展会我们将梦想化为现实。即便不是住宅专家，任何人都可简单明了地描绘自己的居住方式，按照自己的方式自由取舍、布局。这也是"唾手可得的美好生活"的新形式。

以日本为首，许多国家在走向成熟的过程中，都希望拥有功能紧凑、起居智能、持续可用的终极城市。对个人来说，就是拥有可以实现最佳生活方式的住宅，即未来住宅的理想形态。

具体来说，随着生活方式的改变，住宅的设计可以很容易地改变。这个住宅让我们在必需的有限空间中，通过自己的心思和创意，打造舒适、开放的生活场景。

为了实现用户的这种愿望，我们需要一种新的创意，就是将"生活核心"设施的管线集中起来，连同给排水设备一起从建筑主体中独立出来，以便放在家中任何地方。

骊住将自己对未来房屋的展望以具体形式表现出来，在这个过程中最重视的就是功能、产品的优化，设计的优化，个人与家人生活的优化。更重要的是，所有这一切都可以毫无压力地实现合理统一。骊住希望得到的结果，就是支持每个人的最佳的生活方式，实现以生活者为原点的创新。

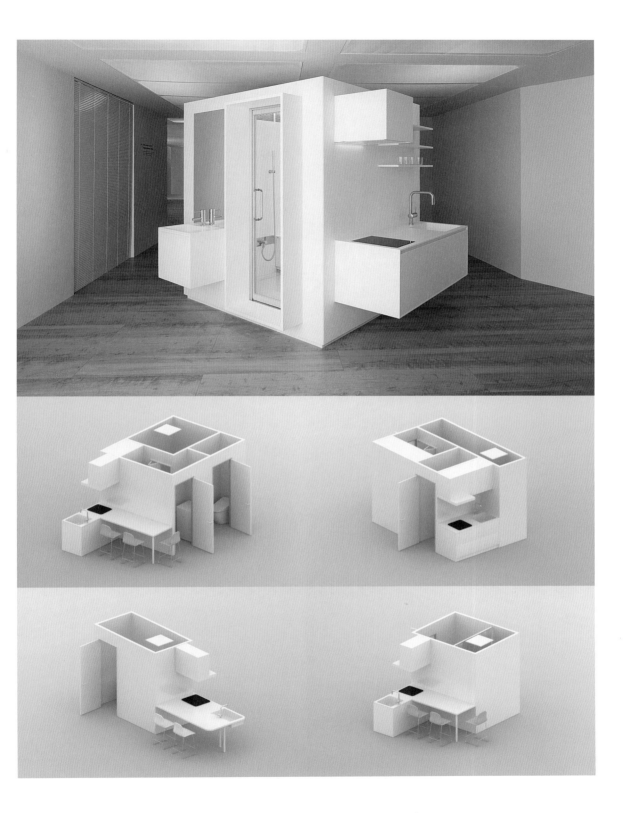

8

市松水边

住友林业

×

西畠清顺

×

隈研吾（会场构成）

这栋建筑不叫作"家"，而是叫作"水边"。
由住友林业的木材和方木条直接组装而成，
建筑师隈研吾构成了它在HOUSE VISION的会场。
得益于植物标本采集人西畠清顺的加入，
这里形成了一片由舒适的树林以及木材构成的空间。
考虑到东京即将举办奥运会，希望在8月的台场
打造一片亲水的绿色空间。市松（棋盘）状的结构，
以树荫覆盖，水的深浅刚好没住双脚，
形成如同就在水边的氛围，庭院则是自然与人工的交叠。
HOUSE VISION通过三方合作，打造出了这样的庭院。
在人类技术不断进步及人们对大自然有了更深入的理解后，
人工与自然的界线逐渐变得模糊。在西畠清顺对植物施加了
"魔法"后，一片茂盛的枫叶林出现在8月的台场。

用树木、水和植物打造可以移动的绿洲

市松图样的每个方块都是一个单元，
地面是由扁柏集成材制成的立方体。
通过水和树木的组合，
这里成了一个不必担忧建筑面积大小的临时庭院，
"市松水边"这个作品
以"在城市中随处创建庭院"为关键词，
以"可变、可运作"为条件，应运而生。

市松图样

这种图样在日本以外的国家主要用作棋盘，
早在古坟时代，市松图样就作为织物图样存在
以市松图样建造的庭院，数京都东福寺的
方丈庭院有名。此外，兵库县天空植物园的
储木场也是市松形状的。

裸足相见

一个像庭院又像浴室的建筑出现在盛夏的台场上。

105毫米见方的市松图样，正是来自人与人之间恰好合适的距离感。

这里就像大澡堂或是下凹式脚炉，会成为人们纳凉聊天的地方。

请享受在此处裸体，哦不对，是裸足相见。

我们准备了一片柔和的树荫和几方清凉的水池。

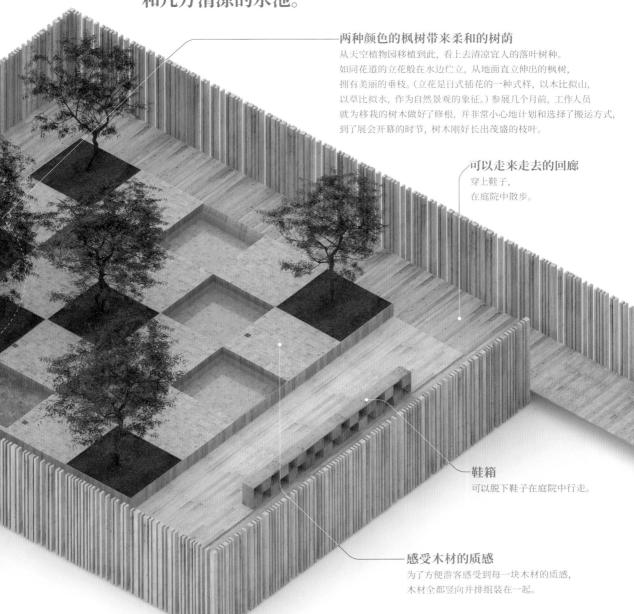

两种颜色的枫树带来柔和的树荫

从天空植物园移植到此，看上去清凉宜人的落叶树种。
如同花道的立花般在水边伫立，从地面直立伸出的枫树，
拥有美丽的垂枝。（立花是日式插花的一种式样，以木比拟山，
以草比拟水，作为自然景观的象征。）参展几个月前，工作人员
就为移栽的树木做好了修根，并非常小心地计划和选择了搬运方式，
到了展会开幕的时节，树木刚好长出茂盛的枝叶。

可以走来走去的回廊
穿上鞋子，
在庭院中散步。

鞋箱
可以脱下鞋子在庭院中行走。

感受木材的质感
为了方便游客感受到每一块木材的质感，
木材全都竖向并排组装在一起。

最质朴的推介发言

西畠清顺

NISHIHATA Seijun

天空植物园代表，植物标本采集者。1980年出生，从幕府时代末期就开始经营花木，拥有150年历史的花木批发商——花宇株式会社的第五代传人。游历了日本全国及世界几十个国家，收集并培育植物上千种，利用日常收集的植物素材开展设计创作活动，立足日本并承接部分海外业务，作品数量每年超过2 000件。2012年，由天空植物园开展的"以人类之心种植植物"活动，全部采用植物创作的作品为日本各地的企业及组织提供装饰，获得了极高的评价。

天空植物园的储木场。
将水泥砖搭建成市松形状来储存树木。
这也成了本次"市松水边"诞生的背景。

京都东福寺的方丈北庭。
遍布在石板之间的青苔极具特点。
人工与自然（茂盛的青苔）互相挤占空间，形成了人工和自然之间的极具活力的"拍浪景观"。

据说万物是神或大自然所创造的。如果说这个世上有什么是神或大自然不能创造的，就只有"直线"吧。自然界中不存在直线，从每根草、每朵花到山河湖海，万物都是以各种各样的曲线构成的。

分毫不差加工出来的木材构成的市松图样，这种直线之美代表了人工，具有曲线美的树木则代表了大自然。热爱自然素材的建筑师、企业以及植物学家共同打造的这个空间，从结果上将"人与自然的关系"这句再常见不过的话，简单易懂地做出了极好的诠释。

我得到HOUSE VISION的邀请时，听说不是要建造一个房子，而是要建造类似足浴场那样的地方。我一开始的想法是，将市松图样打造成一个更具新意的立体空间，这样更具新意，每个方块用水、土、木这些现代人非常重视的元素构成，传达出有意义的信息。因为每个浴场都很小，在浴场里泡脚的人们就像把脚伸到脚炉下那样，互相之间的距离变近。希望这里不是休闲景点常见的那种足浴，而是更偏向社区性质。

因为想选择适合纳凉的落叶树，如同立花般在水边伫立，最终决定选用垂枝枫树。在盛夏酷暑中，落叶树有被烤黄的风险，所以在参展前的几个月，我们就为移栽的树木做好了修根，并且非常小心地计划和选择了搬运方式，仔细计算时间，让树木恰好在展会开始的时节长出新芽，为此真是下了不少功夫，最终如愿以偿。打好种植植物的地基与加工好木材的规格，在有限的时间和成本下找到平衡点并予以实现，是一项非常困难的作业。在此过程中，多少有一丝不安，多亏专家们的努力，最终的作品以水、土、木为元素，朴素而有力，达到了设计的初衷。

市松水边

市川晃 ┃ 住友林业株式会社董事长
ICHIKAWA Akira

住友林业

住友林业自1691年（元禄四年）创业以来，
就活用树木这一自然素材
在全球广泛开展山林经营，从事木材、
建材的制造，并开展流通业务、住宅业务、
改建业务，提供与居住生活
息息相关的所有领域的各类服务。
公司遍植树木、广育森林、活用资源，
并以边开采边种植的"恒续林业"
为发展理念，为实现可持续发展做出贡献。

"市松水边"是木、水、植物的组合，可以随时在城市任何地方提供舒适的聚集场所。本次参展计划，是植物标本采集人西畠清顺先生与建筑师隈研吾先生一起，以"自然素材组成可移动的绿洲"为主题展开的。

2013年的东京展会上，我们的参展项目是与现代美术家杉本博司合作的"风雅之家"。简练的木制空间与相对的茶室中间是看似不经意的青苔庭院，虽然青苔不是主角，却是空间不可或缺的存在。

延续上次参展的经验，我们开始研究对于人类来说最本质的庭院是怎样的，并且以城市随处可建，具有可动性和可变性为条件，以具有一定规则的"市松图样"为关键词做出了设计。市松图样是早在古坟时代就用作织物的图样，在其他国家也很早就作为棋盘图样存在。

市松图样的每个方块都自成一个单元，扁柏集成材制成的立方体组成了方形地面。在这个可移动的箱子里加入水和树木，一个不必担忧建筑占地面积大小的临时庭院——"市松水边"就完成了。

据说以市松图样闻名的东福寺方丈——庭院的造庭人重森三玲，在日本画、插花、茶道这些知识的基础上，又开展了对日本庭院的研究和自主测量，以寻求更普遍的哲学或思想，创造具有更高艺术境界的设计。通过加入从未有人尝试过的新元素，完成了每观赏一次都会给人留下新鲜印象的"永久美好"。

我们认为以传统设计为素材，在无机的城市空间中创造一个使人聚集的、有动感的庭院，很可能会改变现代庭院的概念。

右页：木、土、水、植物，四种元素相结合。
木材与植物、水相遇，碰撞出富于生机的空间。
水静静地循环往复。

9

木纹之家

凸版印刷

×

日本设计中心
原设计研究所

设计协力: 土谷贞雄+.8／TENHACHI

凸版印刷公司的展示房屋, 如同将构成会场的、
边长10.5厘米的柳杉立方体扩大了几十倍,
是一个奇特的建筑。以印刷技术为基础的高科技,
赋予了建筑材料更深远的意义。
近年来, 胶合板印刷技术取得了巨大进步,
通过在板材上印刷各种具有视觉精确度的图案,
达到了真假难辨的水平,
并且超越了木材本身的质地和稳定性。印刷与科技的
高度融合使得印刷胶合板成为一种全新的建筑材料。
LED 灯透过木板感应人们的生物信息,
与现场的观众互动,
木纹迷宫体现了凸版印刷改革环境的意愿。
安装在房屋内的材料采用了电气控制, 使材料可以在透明
与不透明之间灵活变化。具有传感功能的物品均可以印刷,
发明了这种技术的凸版印刷公司将印刷技术运用在环境中,
成为HOUSE VISION的一个模块。

一切的一切, 都是印刷出来的

"木纹之家"的表面基本上都是印刷出来的木纹。
凸版印刷公司的凸版印刷技术, 让木纹细微的浓淡变化得以实现。
同时, 新技术"触感外套"可精密印刷出真实的手感。
这种高度同步的印刷技术让物体表面富有凹凸质感, 加上光线的变化,
具有与实际分毫不差的木纹质感, 打造出了"木纹之家"。

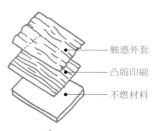

—— 触感外套
—— 凸版印刷
—— 不燃材料

凸版印刷公司有个木纹博士?

被誉为"比真实更美"的木纹,
是凸版印刷经过了 50 多年
对木纹的研究才诞生的。
他们不断从世界各地收集木材,
观察和研究到细胞层面,
致力于将木纹的特点最大限度地发挥出来。

坐着就可以
检测压力

看上去是个普通得不能再普通的
木椅, 却藏着不为人知的秘密。
木椅表面嵌入了可以抓取人体细微震动
(心跳、呼吸、发声、摆动)的生物传感器,
只要坐着就能获得身体的信息,
比如心率是否整齐, 呼吸是否有变化。
通过分析这些数据,
测量你现在的压力水平。

与人对话

吸引人们参观房屋的,
就是印刷出来的木纹本身。
它可以对人的动作有所反应,
并悄悄地与你对话。

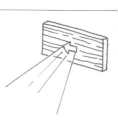

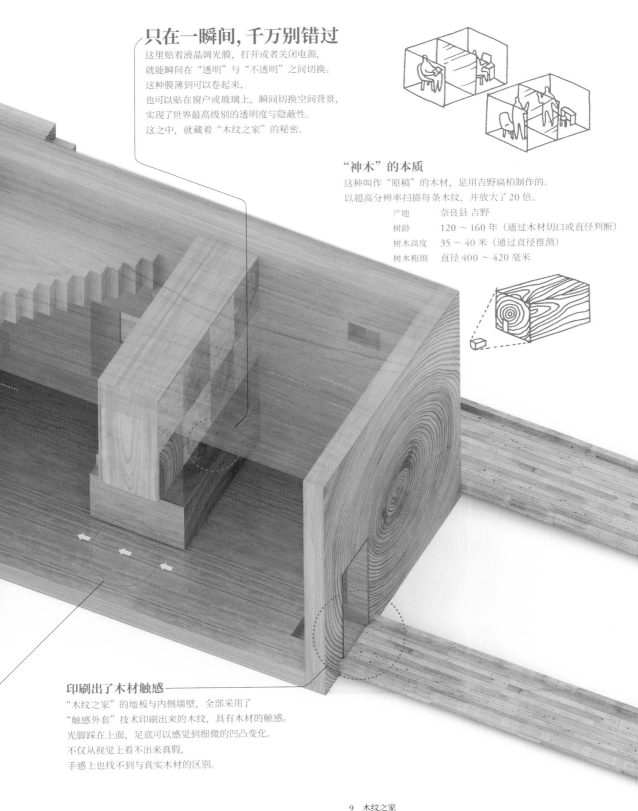

只在一瞬间，千万别错过

这里贴着液晶调光膜，打开或者关闭电源，
就能瞬间在"透明"与"不透明"之间切换。
这种膜薄到可以卷起来，
也可以贴在窗户或玻璃上，瞬间切换空间背景，
实现了世界最高级别的透明度与隐蔽性。
这之中，就藏着"木纹之家"的秘密。

"神木"的本质

这种叫作"原稿"的木材，是用吉野扁柏制作的。
以超高分辨率扫描每条木纹，并放大了 20 倍。

产地	奈良县 吉野
树龄	120 ～ 160 年（通过木材切口或直径判断）
树木高度	35 ～ 40 米（通过直径推测）
树木粗细	直径 400 ～ 420 毫米

印刷出了木材触感

"木纹之家"的地板与内侧墙壁，全部采用了
"触感外套"技术印刷出来的木纹，具有木材的触感。
光脚踩在上面，足底可以感觉到细微的凹凸变化。
不仅从视觉上看不出来真假，
手感上也找不到与真实木材的区别。

介于虚与实之间的科技

原研哉
HARA Kenya

当我听说印刷装饰板最近几年发展到了可以高度再现木材质感的精度与细节，以至于无法区分它与真实木材的时候，心里是讶异和存疑的。木材是人类开始盖房子时就有的材料，即使不是盖宫殿的木匠，只要是日本人，都对木材的优点了解至深。无论科技多么发达，人工制造的东西依然无法超越真实的东西，这难道不是常识吗？我最初就是这么想的。然而当我了解到最近几年的建筑材料已经超越了重现真实这个目标，开始向着新的目标进发时，我对人工材料的看法有了改变。

因为是人工制造的，当然不具有天然木材的韵味，但相反，却具有人工材料出色的稳定性，而且高平面精度也适合精密加工。天然木材需要呼吸，为了防止反翘和膨胀，往往需要让木材彻底干燥。让1厘米厚的木材彻底干燥要花整整1年的时间，需要使用天然木材的地方自然需要这种长时间加工。但采用稳定的人工木材，以达到低成本、高精度才是大多数情况。

更重要的是，人工木材与科技的贴合性非常好。今后的住宅环境中，都会有高科技的嵌入。当信息技术或物联网运用在住宅空间的各个角落时，人们对环境材料在传感与监测等方面的要求也会越来越多，占比越来越大。

"木纹之家"的前提是模仿，它也是关于"环境材料究竟有多大魅力"这个问题的一个很好的回答。房屋外观模仿了几乎不存在的大木材，以大方、大气的态度，展现了"印刷"的无限可能。内部空间是带有木材触感的木纹迷宫。正因为采用的是人工素材，才能与科技无缝衔接。如果能让人们在被木材包围的空间中开始与自然对话，触摸大自然的美妙，我想这就是展示这栋房子的目的。

右页：用于建筑外表面的原创木材。将扁柏方木材的木纹精密扫描并印刷出来，用在建筑外侧的板材上。房屋内也展示了这种原创木材。

木纹之家——所谓的环境印刷

山中纪夫│凸版印刷董事、生活与产业事业本部商业创新中心负责人

YAMANAKA Norio

凸版印刷

创立于1900年。

通过"色彩"来展现印刷工艺独有的再现性、创造性及精密性，通过"智慧"来实现这些工艺的策划和营销，通过"技术"来展现公司的实力。

公司依靠"色彩的智慧和技艺"，着力掌握能够抢占时代发展先机的各种技术，以推动与印刷产业相关信息与文化的发展。

公司的三大业务核心是"信息交流"、"生活与产业"与"电子工业"。

右页：室内是木纹迷宫。

不同比例的木纹，创造了恰到好处的质感，打造出了真实木材的感觉。

由于不是真实的木材，我们在材料背后安装了LED灯及传感器，通过材料上的小孔发出耳语般的声音，营造与观众双向互动的气氛。

凸版印刷公司长年以来以印刷技术为基础开发建筑材料，创造新的生活空间。近年，通过可表现细微质感的表面印刷技术，实现了对木材这类材料的高度复制，并使其具备前所未有的高性能。

我们还在传感技术及信息沟通领域，比如信息技术和物联网，有了长足的技术革新与发展。我们参加本届HOUSE VISION的最大理由就是"综合这些技术，能否支持我们实现一种前所未有的生活空间"。为了追求逼真到极限的木纹，超越真实木纹，发挥印刷独具的价值，我们带着这些愿望制造了"木纹之家"。

同时，我们也把我们拥有的综合技术嵌入了这个"家"。我们有着一种强烈的愿望，即"赋予人类新的生活，创造一种新的生活空间"。未来，住在"家"中的人们，心灵与身体悄然合一，而生活环境本就应该适应人类的心灵和身体情况。比如只需坐下，椅子就能读取此人的身体情况，并以声音告知，不经意地提示人们的生活状态。通过调整玻璃的透明度，随时调节居住者的私人空间，让空间氛围瞬间变换。看上去极为美丽的木纹墙面和地板，可以传达出对居住者来说必要的信息。我们不希望这些功能高调发声，而是以自然的状态被组合到生活空间中，"以人为核心"地支持人们的生活。

我们在这届展会上提出的倡导正是"环境印刷的家"，希望与众多产业及企业一起，打造未来的生活空间，包括街道和城市，希望永远陪伴在您身边。

TOTO公司、YKK AP公司与建筑师五十岚淳，
还有家具设计师藤森泰司合作的项目是"内与外之间，家具与房间之间"。
五十岚淳先是考虑做个"窗户"，仅在墙面开一个口，继而放弃了这个想法，
并为"窗户"赋予新的功能，尝试通过它读取空间的可能性。
藤森泰司没有把家具作为与房间分离的道具，
而是摸索了一种同时可以创造出空间和功能的形式。
最终，窗户变成一个有进深的开口，在内外之间
创造了一个前所未有的空间，再配上同时创造出功能与空间的家具。
最终的房屋整体是一个扇形空间，连着5间呈放射状分布的房间，
无论休息、沐浴、聚会还是吃饭，都有各自独立的空间。
该怎么称呼这个空间呢？它创造了一个全新的建筑词汇。

思考的空间

像书房又像卫生间。
是适合一个人沉思的房间。

10
内与外之间，
家具与房间之间

TOTO、YKK AP
✕
五十岚淳、藤森泰司

沐浴的空间

像是与客厅相连的浴室，
又像与自然连成一体的
半露天浴场。

在窗内居住

五十岚淳从窗户着手，
在独立的"窗户"里面，集中了所有功能。
窗户本来是用来区分内外空间的装置，也正因为处于内外之间，
才让内外相连的生活得以实现，这个作品就是为了表现这个创意。
客厅里有 5 个通向各个房间的"窗户"，还有常见的窗户，
这栋建筑对"窗户"的意义提出了很好的质疑。

"窗家具"

想象一下：倒在沙发里的舒适感如果具化为一个空间……
藤森泰司从家具的角度，也就是"作为空间的家具"，
通过与日常行为相连，做出了完美的展现。
先有建筑，再有房间，然后在房间里摆放家具……他超越了这种顺序，
相反，从离身体最近的家具开始创造空间。
5 个立体空间正好介于家具与房间之间。

饮食的空间

在"窗户"里面的大餐桌。
做饭、吃饭、聊天，
一个将"食"最大化的空间。

休息的空间

将倒在沙发里的舒适感
直接具化为"空间的家具"。
整个房间就像只有
一张大沙发的第二客厅。

睡眠的空间

"午睡片刻"或是"熟睡"，
无论哪种睡眠，都有合适的位置做选择。

突出的部分既是窗户，也是家具。

像是客厅，但什么都没有

是一个连接生活行为的空间。
来访者会在此与 5 个"窗户"相遇。

刷新世界状态的窗户

五十岚淳
IGARASHI Jun

建筑师。1970年出生于北海道。
1997年创立五十岚淳建筑设计事务所。
获得的奖项有第19届吉冈奖、
大阪现代戏剧节临时剧场竞赛最优秀奖、
BARBARA CAPPOCHIN
国际建筑双年展大赛奖、JCD优秀奖、
GOOD DESIGN设计奖、
AR AWARDS 2006、
丰田市终身学习中心逢妻交流馆锦标赛优秀奖、
JIA新人奖、JIA环境建筑奖优秀奖、
北声艺术鼓励奖、日本建筑学会北海道建筑奖等。
主要著作有《五十岚淳: 标志状态》(彰国社)、
《五十岚淳: 构建状态》(TOTO出版)。

右页: 2015年的研讨会上,
五十岚淳提出的"窗户"概念。
从中可以看出创意来自概念性的探索,
他不仅仅把窗户作为一个建筑的开口,
同时希望赋予其更加多彩的功能和意义。

当我思考"窗户"时,想到窗的剖面也许具有无限的可能性,于是决定从窗户的结构开始。通过观察可以发现,窗户的结构是由它的物理性功能决定的。如果我们将这个内部(建筑空间)与外部(地球空间)的边界看作一个剖面,然后仔细窥探和观察剖面里面,可以发现许多类似檐廊的栖身之处。这一称作"檐廊"的栖身之处,发挥着连接内部(建筑空间)与外部(地球空间)的作用,同时还是连接"人与建筑""人与地球"乃至"人与人"的重要所在。

本次的作品中,打开住宅入口处的大门,走进一个类似客厅的房间后,可以发现里面有许多"窗户"。这些"窗户"都有一定的深度,如同把原本的那个剖面向外延伸,就形成了各种各样的栖身之处。这里既是内部与外部的"中间",也是"家具"和"建筑"的"中间"。进入"窗户"后,既可以将其作为自己的栖身之处,也可以获得相应的体验。此次作品正是这几个不可思议的空间,它们以中间的客厅为轴心,分别向外延伸。

"窗户"原本只是内部(建筑空间)与外部(地球空间)的边界,而我们把它的剖面打造成多样化的"栖身之处",窗户因此变成一个全新的概念——从内向外、从外向内,带有一种温和的渐变色彩。

这一围绕窗户的全新概念,或许可以成为一种病毒式的创意,传染给已经扎根全世界的传统"窗户"概念。如果它能在全世界普及开来,也许可以改变整个世界的状态。

我把这个发明称为"良性病毒",希望大家想象一下这种"良性病毒"蔓延到未来世界的情景。

是窗户，是房间，也是家具

藤森泰司
FUJIMORI Taiji

家具设计师。
1991年从东京造形大学设计学专业毕业后，
师从家具设计师大桥晃朗。
1992年开始在长谷川逸子的建筑设计工作室
就职。1999年创立藤森泰司工作室。
以家具设计为中心，致力于与建筑师合作，
进行产品和空间的设计。
曾获得过GOOD DESIGN特别奖等众多
奖项。此外，他还任职于桑泽设计研究所，
并在武藏野美术大学、多摩美术大学、
日本工业大学兼任讲师。
2016年开始担任GOOD DESIGN奖
审查委员会委员。

右页：将立体的窗户诠释成一件家具。
规格再大些就成为"房间"，
而立体化后的窗户，其规格恰好
没有大过人们对"家具"的理解范畴。

我和五十岚淳先生决定合作建造一个"家"后，我们先聊了聊彼此都感兴趣的话题。我们希望跳出建筑师和家具设计师这种职业上的区分，打造一种只有这个项目才能做到的空间。我们的共识就是从内部着手。一个能接受人们各种行为，互相重合又有所扩张的房间，连接其他空间成为建筑，就是这样一种构思。换言之，就是在思考内部的同时让外部也自然成立，我们希望摸索出这样一种机制。

这个构思之所以走向了现实，是因为内部与外部的边界问题。我希望打造一个这样的空间，使它如同扩张的身体感觉一样，从内部向外部延伸。但是，一旦意识到外部空间，就会建起一堵墙，然后不得不打开一扇窗。说得极端点，窗户仅仅具备开口的作用，由内延伸出来的柔和感在这里被一刀切断。但是，从另一方面来看，窗户又是连接内部环境与外部环境的重要元素。那么，窗户本身能否化身成一个空间呢？此次作品正是源于这个构思。具体来说，就是将窗户的剖面扩展，把这一内部与外部的边界平稳地延伸出去，然后在这个延伸后的剖面中融合生活所需的功能和家具。

最后，窗户的剖面直接变成了家具。与其说这是一个房间，不如说更像家具，好像一种身体感觉的扩张，我们尽可能把空间设计到最大，可以称之为"窗家具"。这个装置既是窗户，又是房间，也是家具。我们把沙发打造成一个空间，形成第二客厅。除此之外，还有卫生间、餐厅、厨房、浴室，共有5个独立的"窗家具"。中间是一个称为"客厅"的地方，是连接各种功能的轴心，5个"窗家具"呈放射状向外蔓延。整个建筑如同一个太空基地。我想，当人们走进这一个个"窗家具"，并亲身感受到它与外界相连，且带有一种"渐变的色彩"，那么，就能明白这个空间的意义了。

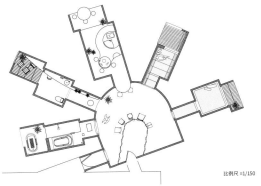

比例尺 =1/150

这个建筑呈扇形，就像扇子的轴心一样。
几个厚重的"窗户"向开口方向呈放射状延伸，
其中包括客厅（整个房间打造成了一张沙发）、
餐厅、厨房、卫生间、浴室、书房等。
人们被"内与外之间，房间与家具之间"
这种新的舒适感所引导，也许会诞生某种新的行为或活动。

两种"美"

喜多村圆｜TOTO 董事长
KITAMURA Madoka

TOTO

创立于 1917 年。通过制造卫生间、浴室、水阀、
厨房等用品，致力于创造丰富多彩的生活文化。
公司不仅以"创造方便每个人使用的产品，
实现环保的家居生活"为基调开展生产，
在房屋改建等领域也提出了各类创意，
不断提升人们的生活价值。

"美"这个词有两种含义，一个是"美观"，一个是"清洁"。
二手房翻新变得常见以后，居住方式也不断变化。只要人
们对居住方式有所求，对住宅有某种期待，市场马上就有
相关的更新。无论在哪个时代，这两种"美"都是居住者
不断需求、永不满足的，比如可以使用 30 年的给排水系统，
不经常清洁也看不到水垢或污渍的马桶，节水却清洁的处
理方式，可以搭配任何空间的设计等。2017 年是 TOTO
公司成立 100 周年，成立至今我们的理念都是：无论迎来
怎样的未来，TOTO 的商品都要追求"美"。本届
HOUSE VISION 的参展作品，是与设计师们一起合作
的。这个作品改变了家的概念，让窗户变成家具，在从未
有过的空间里，带着多种功能的"美丽脉动"，回荡在作品
各个角落中。

"窗户"带来舒适生活

堀秀充 │ YKK AP 董事长
HORI Hidemitsu

YKK AP
创立于 1957 年，旨在创造舒适居住空间的"门窗"，
以创造美丽的大楼外观为中心在全球开展业务。
考虑到住宅和建筑都包含着人的活动，
是社会资产与文化乃至地球环境的一部分。
通过各种各样的建筑材料与产品，
创造生活空间与城市空间，
力争为人们提供符合这个时代的、
先进且舒适的居住环境，这就是我们的目标。

YKK AP是一家提倡舒适生活并"思考窗户"的公司。
窗户作为建筑的开口，是建筑的一部分，也左右着建筑整体的性能和设计。从这里进出的热能最多，当建筑需要具备节能及储能功能时，具有较高保温性能的窗户就非常受人关注。窗户的性能和光热费节约方面常常被作为评价指标，但最近的研究发现，室内外温差、湿度、结露等气候条件对人的健康也会产生显著影响。因此，窗户与居住的舒适性有着密切的联系。我们认为把这些窗户带给居住者的看不见的影响，以通俗易懂的方式传达给人们，是一项非常重要的课题。作为门窗行业的领跑企业，我们一直致力于这方面问题的研究和解决。本次的项目，通过与两位创意家合作，将窗户的进深扩展，打造出一个魅力十足的空间。窗户的作用被升华成空间，在连接内外的"窗户"中就可以体验到全新的舒适生活。

11

GRAND THIRD LIVING

丰田

×

隈研吾

带着电源，去往远方
只要有电，从未到达过的远方
也能成为舒适快活的地方。
无论沙漠还是悬崖，海边还是深山，
都能变成自家的客厅。
厨房，投影仪，需要电源的乐器，日式脚炉……
和常见的户外活动不同，
你可以度过一段奢侈的时光。

丰田公司本次参展的作品将普锐斯PHV（插电式混合动力车）
作为混合动力车的下一个主流技术。普锐斯PHV是可用电力行驶，
也可用汽油行驶，还可通过太阳能充电的节能汽车。
同时，可以储存大量电量的普锐斯PHV还能作为"能源提供源"。
建筑师隈研吾的构思是：尽可能多地在普锐斯PHV的后备厢中，
放入轻盈而强韧的碳素纤维骨架和牢固不透气的纤维帐篷，
可供在没有能源供给设施的偏远地区使用。帐篷打开后，
可以获得超出预想的宽敞空间。如果将车上的能量注入帐篷，
即便在偏远地区，也能获得舒适的人居空间。
即便是同一屋檐下各自独立生活的家人，
也能通过这些帐篷在偏远地区找到新的联系。
汽车，不仅仅是交通工具，还开辟了生活与居住空间的新关系。

普锐斯PHV｜带着电源出发

普锐斯PHV是世界第一款量产车[1]，可以将太阳光变成能源[2]。
它带着光伏车顶，可以给电池充电。

充电需要多久？｜快充[3]模式下只需大约20分钟，即可充到80%。
可以应对公共快速充电器[4]的快充功能。与普通充电相比，短时间即可充电完毕。

用于何处？｜无论车内、车外都能用。最大供电1 500瓦。出远门也好，遇到灾害也好，就像在家中一样用电。

汽车 = 电饭锅[5] 500瓦 + 冰箱 300瓦 + 电视 150瓦 + 笔记本电脑 100瓦 + 智能手机 10瓦 + 更多 440瓦

*1 截止到2016年4月底的信息（丰田汽车调查数据）。
*2 光伏充电系统，仅是部分指定装备的选项。
*3 厂家选项（仅限日本规格）。
*4 高速公路服务区、泊车区、便利店等，
   设置充电器的地方正在逐渐增多。（需要会员注册等手续，请事先确认。）
*5 仅供参考。不同产品的耗电量会有所区别。开机时会瞬间耗电。

纤维之家｜带着客厅出门

碳素纤维轻盈、不生锈，
强度大约是铁的7倍，
以此材料制作帐篷。
直径5米的帐篷，由直径65厘米的圆片连续折叠组成，
拆下的单元可以轻松搬运。
这种强韧而轻盈的家实现了
"将舒适的居住空间带到远方"的梦想。

1个单元=4 800毫米
纵横可均匀伸缩　碳素纤维骨架

折叠起来时=800毫米
650
800

分而合

帐篷的间隙就是"窗户"，
家人即使待在自己的帐篷里，
也能通过窗户感觉彼此的存在。
展会上放的是父亲、母亲、孩子的3个帐篷，
呈现了在远方愉快度假的未来之家。

如同生物般的结构

碳素纤维骨架外，罩上了柔软的、
具有伸缩性的纤维膜，形成轻盈而牢固的帐篷。
通过组合两种柔性素材，
形成了既强韧又如同生物般柔软的、
富有弹性的结构。

上下方向
拉伸的合力

左右方向拉伸的合力

柔软的生活空间

隈研吾
KUMA Kengo

碳素纤维制成的轻盈帐篷使得
"把生活带到远方"这种生活方式成为可能。
可利用太阳能,可储备大量电量的
新普锐斯PHV,成了能源基础设施。
有了这些功能,在大自然中也能
打造舒适的人居环境。

轻盈而强韧的碳素纤维骨架上,
覆盖着比橡胶拉伸性更强,
对拉力也有更大抗性的
聚亚安酯弹性纤维膜。

在用钢铁制成的汽车与大自然之间,我们尝试放入了用布制成的如同游牧民族居住的帐篷。

就是这么简单。人的身体需要怎样的物质,倾听内心的声音是最重要的。在着手形状设计之前,我们从物质出发开始了思考。然后想到,在汽车与自然之间,需要的是布料。

这个看上去像裙带菜一样的蒙古包,以螺旋结构为基础,采用碳素纤维制作了骨架,然后用弹性纤维膜,制成了螺旋状的"裙带菜"。

轻盈、不生锈,强度是铁的7倍的碳素纤维,未来也是值得关注的材料。

裙带菜以及人类的消化器官,都是为了最大限度地吸收环境中的养分而进化成大面积折叠的结构。这个帐篷是以直径60厘米左右的小单位连接在一起形成的直径为5米的大空间。

由于螺旋结构扭曲后会因反作用力而反弹,因此每根"裙带菜"是独立的,传统的建筑被坚硬的骨架支撑着。碳素纤维与伸缩性纤维两者都是柔性素材,通过两者的组合,就会形成如同生物般柔软而有弹性的结构。

我们希望可以用汽车将客厅搬出,人们在与大自然亲密接触的同时,又悠然自得地过着舒适的生活。

面向2020年之后

河本二郎 | TMJ董事长
KAWAMOTO Jiro

TMJ（丰田营销日本）
以"通过生产汽车奉献社会"为创业理念，
在不断生产更好的汽车的挑战精神的指引下，
通过提供环保安全的产品，
为创造丰富多彩的社会做出贡献，
致力成为被国际社会认可的良好企业。
公司超越汽车制造，
面向未来社会与丰富的生活方式，
开展了各种形式的探索。

将装在普锐斯PHV中的帐篷展开，
也许会出现意想不到的大居住空间，
像是一个小村庄。
可以带着能源在大自然中生存。
右页是概念图。

汽车不仅仅是为了移动，更是让目的地变成生活空间。这就是我们希望的未来。

可以实现这种梦想的汽车，就是以减轻地球环境负担为理念而诞生的混合动力汽车普锐斯PHV。这款车已有19年的历史，曾经是小众的混合动力汽车，现在已经成了非常普遍的汽车。那么下一个成为主流的将是什么呢？丰田给出的比较现实的回答就是普锐斯PHV。它同混合动力汽车一样可以发电，在此基础上又增加了利用太阳能的功能，搭载了可以储蓄这些能源的大容量电池PHV，同时也可以提供能源。利用这种可以移动的基础设施，哪怕是再偏远地区，也能享受舒适的生活。在非日常世界中体验丰富的日常生活，我们脑海中浮现的就是这样的未来。

非日常生活往往意味着与大自然的威胁共存，因此就需要考虑在灾难发生时创造新的流动价值。当基础设施被破坏，身处灾害环境中，PHV不仅负责救援和货物运输，还负责等待恢复期间的生活能源供应。

比这更超前的就是利用氢气和氧气反应形成的电源，仅仅排放水的终极环保电池车（FCV）。这一能源革命，将会大大改变人们的生活与价值观。

丰田带着制造出更好的汽车的愿望，参加了本届的HOUSE VISION。鉴于在2020年PHV将变得普及，并向着以氢气为中心的可持续发展社会而努力，GRAND THIRD LIVING将向世界传递汽车与住房之间的新关系。

以智能手机TONE展开业务的文化便利俱乐部（CCC公司）认为，
形成今日家庭的主要原因，并非物理意义上的"屋顶"，
而是通过通信服务营造出家人关系的"信号屋顶"。
例如，独自在福冈居住的奶奶和东京的三口之家通过
共享TONE的服务紧密联系。小孩下载的手机应用，爸爸负责管理。
爸爸可以掌握小孩的位置信息、奶奶每天的步行状况
以及手机的充电情况。只需敲敲智能手机的屏幕，
对方的手机也会响起敲门声。提前商定好敲击方式所代表的意义，
双方就能顺利沟通。当然，这类服务也会带来弊端。
但它与实际的屋顶一样，可以让人与人之间产生联系。
在展会现场，还可以通过虚拟现实技术（VR）欣赏"信号屋顶"带来的小品。

12

带信号屋顶的家

文化便利俱乐部
×
日本设计中心原设计研究所（展示设计）、
中岛信也（影像制作）

用TONE的服务
连接家人的每一天

何谓TONE

CCC公司开展的TONE，是一种可以让所有人安心的
智能手机服务，限制应用软件的使用、对使用地点进行追踪等，
家庭中的每位成员都可以享受到这种安全的服务。

敲击功能

在自己的手机屏幕上"咚咚"敲击，
同样的"咚咚"声就会传到对方的手机画面上。
"咚咚"代表"你好吗"，"咚咚咚咚"代表
"对不起"，只要事先决定好暗号，
就可以成为家人之间新的沟通方式。

儿童请求使用手机应用

家长可以在TONE上管理小孩的应用使用情况。
"爸爸，我能用这个应用吗？"
"哪个？挺有意思的，好，批准你用。"
"这个也很好玩啊。"
父子之间的对话就此展开。

奶奶的手机需要充电

奶奶使用了TONE的充电监控功能，
可以将电量传达到家人的手机上。
家人看到快没电了可以发条信息：该充电了。
虽然看不到对方，连声音也听不见，
但看到充电信息，就知道今天奶奶过得也很好。

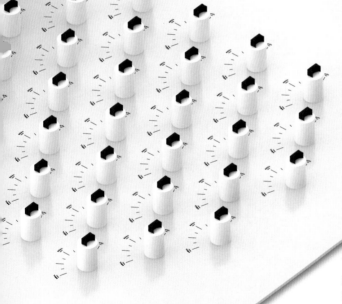

爸爸
Father

妈妈
Mother

小宏
Hiroshi

世界首次登场！180度的小品

通过虚拟现实眼镜可以将视野扩展到180度，
同时使用TONE的人们可以出现在同一画面中。
表演者是男演员八岛智人。

"是的，三个人都在不同的地方。左右两人站在180度的位置。
也就是说，今天的表演是'180度小品'！尽管三个人都在不同的地方，
却能连在一起，这种设定有点麻烦哈，那么敬请观看'180度小品'
——《同一个信号屋顶下》。大家好啊！"（摘自剧情）

虚拟现实眼镜

体验虚拟现实眼镜。
在展会现场戴上这种眼镜，
不用扭头就能看到正面、右侧90度、
左侧90度站立的人，
大家非常兴奋地体验了这种"180度的小品表演"。
这里面就使用了TONE服务。

以人为核心的用户界面

原研哉
HARA Kenya

中岛信也
NAKAJIMA Shinya

中岛信也
东北新社董事。广告总监。武藏野美术大学
客座教授。金泽工业大学客座教授。
1959年出生于福冈县, 在大阪长大。
1982年毕业于武藏野美术大学雕塑艺术系
视觉传达专业, 同年进入东北新社。
2005年获第26届日本宣传山名奖。
并获得过夏纳广告节大奖、ACC大奖、
ADC大奖等众多奖项。

"家"这个汉字的部首是"宝盖头",
原本指的是物理意义的"屋顶"。
如果所有人都在屋顶下各自生活,
"家人"的意识就会变得淡薄。
然而, 将"宝盖头"换成"信号屋顶"的话,
同在"信号屋顶"下的人们
也许能共享"家人"这种意识。

迄今为止,"家"只是一个物理场所。"家"这个字的宝盖头,
曾经意味着保护人们不受风雨之苦的屋顶。家人就是在同一
屋檐下共眠共起, 同吃一桌饭的人们。然而, 这个屋顶, 不
是物质上的而是"信号屋顶", 会怎样呢? 在这里, 我们提出
了一个新的家庭形象, 通过通信服务连接, 可以确认对方的
存在, 即使你远离"连接", 也可以确信这种关系。
"信号屋顶"之下应该有哪些成员, 全凭使用者自己决定。
在福冈一个人生活的奶奶和在东京生活的三口之家, 可以
通过这种联系加强大家是一家人的意识。在远离的人与人
之间,"信号屋顶"带给人们新的人际关系。
展示房屋中, 我考虑用小品的形式来表现"信号屋顶"下一
家子的喜怒哀乐。为了让这个想法得以实现, 我与中岛信也
先生商量后, 决定采用虚拟现实技术。——原研哉

原来如此!"以通信服务连接家人"也许在当代是个绝妙的
主意。可是我想, 连接人与人的既不是"宝盖头"也不是
"信号", 应该是"人与人的关系"吧。正因为家人之间有这
种关系,"信号屋顶"的功能才得以实现。我这么一想, 就
觉得应该描绘一个人与人关系特别紧密的家庭的样子。最
早的方案是, 用三个显示屏来表现在不同场所中的家人,
但为了吸引观众, 就考虑尝试更有专注感的虚拟现实技术,
而且用人们熟知的小品来表现。很幸运, 此小品邀请了演
员怪杰八岛智人先生, 使得"人际关系的黏合度"变得超
强。这大概是世界上第一次有人尝试虚拟现实小品吧。非
常希望观众们在体验最新影像技术的同时, 也能思考家人
之间的联系究竟是什么。——中岛信也

通过服务或用户界面，
可以让远离家人的
人们共享"家人"的意识。

以人为核心的用户界面。
家人甚至可以知道
爷爷的手机快没电了。

在手机的屏幕上敲一敲，
震动声就能传到对方的手机上。
只要事先约定好敲击的暗号，
就可以非常高效地沟通。

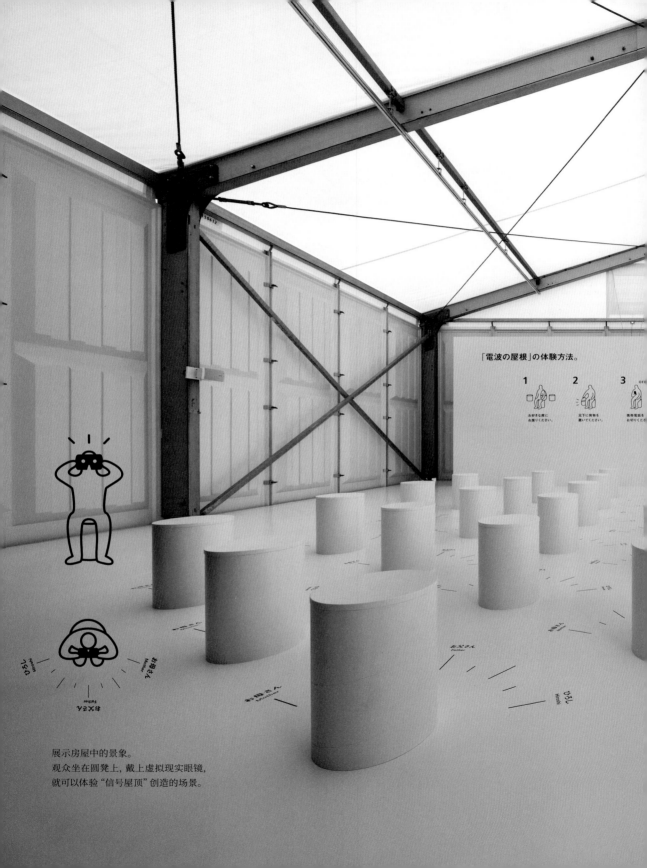

「電波の屋根」の体験方法。

1　お好きな席に
　お座りください。

2　足下に荷物を
　置いてください。

3 OFF　携帯電話を
　お切りください。

展示房屋中的景象。
观众坐在圆凳上，戴上虚拟现实眼镜，
就可以体验"信号屋顶"创造的场景。

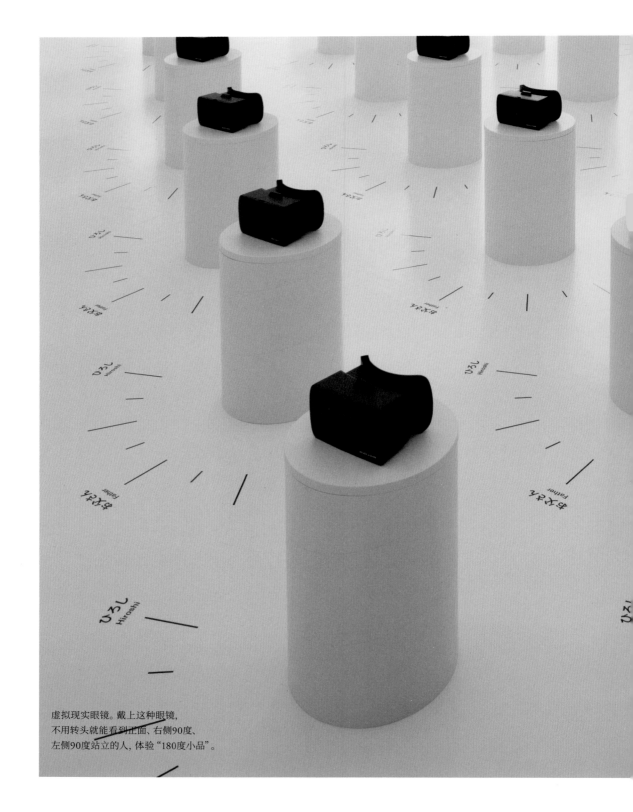

虚拟现实眼镜。戴上这种眼镜，
不用转头就能看到正面、右侧90度、
左侧90度站立的人，体验"180度小品"。

不是电话而是家

增田宗昭 | 文化便利俱乐部董事长兼CEO
MASUDA Muneaki

文化便利俱乐部

"茑屋"创业于1983年，
商店不是选择购买物品的地方，
而是选择购买方式的地方。
创业30多年来，
作为"打造文化基建设施的公司"，
不断适应着时代和文化的需求，
为人们提供新的生活方式。
以"茑屋"为中心业务，
通过"T积分"建立数据业务，
还策划和运营着"武雄市图书馆"
"茑屋书店""茑屋家电"等新服务。

当我听说本届HOUSE VISION的主题是"分而合，离而聚"时，感觉这与TONE的主题是一样的。CCC公司的智能手机TONE不仅仅是一款手机，也是加强家人或朋友之间关系的工具，更是"家"本身。虽然这个"家"是看不见的，但在连接家人这个意义上，TONE就代表着"家"的意义。

今天的日本，据说婴儿潮时代出生的那代人持有这个国家68%的资产。然而他们的下一代，即正在工作的一代，手中的存款却非常少，收入比我们1950年以后出生的这代人没有大幅度的提升。在这种时代背景下，TONE是意识到今天人们所追求的是"人与人之间关系的强化"，也就是"关系性消费"才开发出来的产品。爷爷奶奶也好，孙子孙女也好，年富力强的职场人士也好，任何人都能与重要的人有着弹性的联系，这也是TONE希望达到的目的。通过它可以知道奶奶现在的位置，爷爷今天走了多少路。无论对方在身边还是在500公里以外，都可以通过TONE建立真实的联系。住在福冈的奶奶和住在东京的孙子，可以快乐地聊天，互相发送"今晚我在吃什么"，就好像同在一个餐桌上交谈。即使是刚学会使用智能手机的爷爷和奶奶也可以放心使用。全家人都使用，每月费用才1 000日元（合人民币60元左右），成本非常低。

毫无疑问，人们现在都希望恢复人与人之间亲密的关系，特别是家人之间的关系。社会高度发展使得家人从某种意义上来说变得天各一方。为了让家人重新相连，TONE作为"信号屋顶"诞生了。我们希望通过TONE这个超越物理意义的"家"，让人们重新回家。

お母さん
Mother

お父さん
Father

ひろし
Hiroshi

お母さん
Mother

清凉咖啡店——煎

AGF
×
长谷川豪

盛夏8月在台场出现的商店，
清凉咖啡店——煎。
这家商店为在此歇息的客人提供水羊羹，
以及与点心完美搭配的AGF冰咖啡。
咖啡店由建筑师长谷川豪设计。
麻制的帐篷通风极好，为前来参观的
人们提供可以歇息的阴凉之处。

AGF的咖啡"煎"，
以日本软水特别烘焙而成。
清凉咖啡店——煎的移动小车。

清凉咖啡店——煎

用连续的悬帘打造出柔和而阴凉的空间

长谷川豪
HASEGAWA Go

这是一处可以品尝冰咖啡的休息场所。麻布屋顶是从装咖啡豆的麻袋联想到的，为HOUSE VISION的会场增添了一丝清凉感。梁与梁之间的麻布帘子由于重力作用呈现出美妙的曲线，打造出柔和而阴凉的空间。建筑的基础为长椅，以吉野扁柏又粗又圆的树干作为椅背，就像一个大家具。坐在扁柏长椅上，布帘刚好到达视线处。通风极好的阴凉空间，为盛夏的台场提供了一丝清凉。

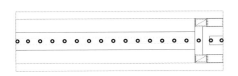

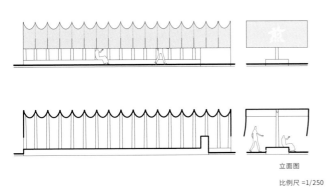

立面图
比例尺 =1/250

吉野扁柏的圆柱
直线排列,
只要有风, 布帘就会随之飘动。

柱子的顶部安装了圆形钢制作的梁, 以80厘米的间隔直线排列。
因为没有纵向的梁, 才诞生了被麻布轻柔覆盖的轻快空间。

清凉咖啡店——煎

关于中国HOUSE VISION

土谷贞雄
TSUCHIYA Sadao

1960年出生。
1985年日本大学硕士毕业。
后到罗马大学留学，在罗马、
那不勒斯经历了实际业务以后，
于1989年回国，在大型建设公司从事
设计工作。2004年加入良品计划集团，
也就是现在的MUJI HOUSE，
2007年任该公司董事。2008年离开公司后，
以调查生活为主要业务，
支援众多企业的研究所及商品开发部门。
2010年成为HOUSE VISION项目顾问。
积极推进着亚洲各地
HOUSE VISION的活动。

中国的HOUSE VISION是2011年的夏天开始的，比日本的HOUSE VISION略晚些。如果说现代化将世界变得更加统一，我们则以不同的形式，通过思考亚洲各个地区不同文化和相应的未来生活方式，感受到了其魅力所在。2012年3月，北京召开了第一届研讨会。之后，研讨会成了建筑师与企业之间的定期会议。在2014年的北京国际设计周上认识了孙群先生和他的团队以后，活动有了较大的进展。参加活动的建筑师共有13人，分别来自北京、上海、深圳、杭州、南京。2015年5月，我们在意大利米兰展示了在中国的活动，2016年5月在意大利威尼斯举办了展会。这项活动不仅向中国，还向世界发出了自己的声音。

2015年夏天以后，我们与建筑师们的研究活动开始变得频繁，也号召了各行各业的企业参加，针对中国的社会课题准备具体的方案。我们将建筑师们关心的主题分成4大项，再细分成15个小项，2015年1月举办了由13名建筑师和两名研究人员参加的研讨会，4大主题分别是：低能源与减轻环境负荷，移动与出行，公与私的界线，老龄少子化。研讨会上，建筑师们发表的内容相当富有启发性。虽然两国背景不同，但中国与日本面临着同样的课题。特别是房价攀高与城市人口增加的问题，建筑师提出的共享房屋与紧凑式住房的建议、历史街区的改建等，都是与日本共通的课题。大家从各种角度讨论了在尚未消除贫富差距的状态下，迈向成熟的中国所面临的住宅课题，并提出了许多具有启发性的建议。目前我们正在准备2018年的展会。继东京展会之后，我们计划于2017年9月正式启动将于2018年举办的展会，2016年建筑师们的设计方案合集也将于2017年9月出版。

展示图 1 | 从室外就能把冰箱打开的家

大和控股公司×柴田文江

这个作品设想的是一栋独立住宅, 具备两种形式的配送单元。前面房屋的外墙上有另一扇门, 是一个高177厘米、宽109厘米、深56厘米的配送单元。具有冰箱、药盒、衣物箱、送货柜 (放快递物品等) 4种功能, 各自安装了可以打开的门。后面房屋的配送单元是壁龛形式的, 高112厘米、宽68厘米、深56厘米, 仅留有冰箱和快递箱两个功能。

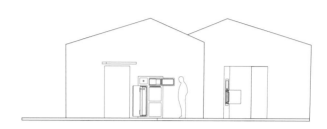

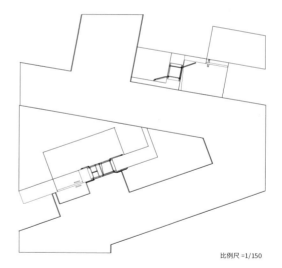

比例尺 =1/150

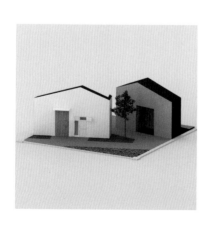

2 | 吉野柳杉之家

爱彼迎×长谷川豪

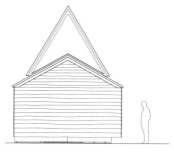

这个作品是爱彼迎与奈良县吉野町合作的，是一种由当地社区运营的新型民宿。白天是当地人可以自由出入的社区空间，傍晚可以变成客房，希望社区与客人之间的交流可以通过一种更自然的方式实现。展会结束后，房屋将搬回吉野町，这栋长18米、宽4米的建筑设计成卡车可以搬运的尺寸。同时它细长的形状，刚好可以沿着吉野川河边的散步道摆放。这种设计的意图就是，希望它能成为当地人和游客都能轻松偶遇和进入的建筑物。屋顶的形式叫作"大和栋"，由两种不同倾角的屋顶组成，参照奈良传统民居的形式。一楼有一张长4.5米的吉野柳杉吧台，当地人和游客可以一边眺望吉野川，一边度过悠闲的时光。如同小木屋的二楼卧室，有一个三角形窗户，从这里也可以欣赏吉野町的风景，河边清凉的风从屋顶较低的一侧通过窗户进入卧室，给人带来一袭舒适的快意。

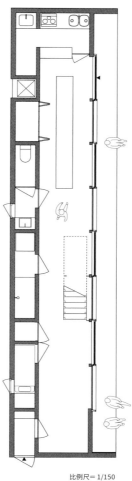

比例尺＝ 1/150

展示图

3 | "の"家

松下×永山祐子

这个作品的结构非常简单，仅在被弯曲成"の"的形状、直径大约10米的薄墙上，安置两层轻盈的膜状屋顶。通过这面连续的墙，人们可以从外部空间非常自然地进入内部空间。同时，这面墙上可以固定各种各样的装置，好像白板一样只需贴上即可。它可以是一块大显示屏，又如同随处可与外界相连的"门"，也可以将便条或是照片贴在墙上。膜状屋顶让外界的光线和声音非常柔和地进入室内。屋顶上的"风标猫"随时监测周围的环境，随时告知居住的人，为日常生活做出新的提示。屋顶下的大房间，空间被中央呈四方形的核心部分大致分割开来，无论站在室内哪个角落都能感知家人的所在。通过"の"家这个媒介，人们与外界相连，家人之间形成新的沟通。也正因为它简单的结构和轻盈的特点，容易拆解，也容易搬迁。

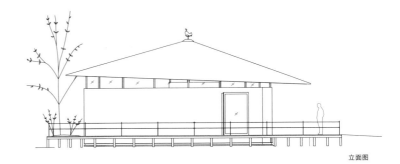

立面图

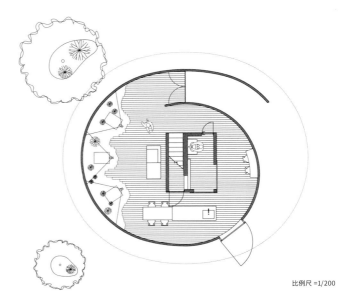

比例尺 =1/200

4 | 梯田办公室

无印良品×Atelier Bow-Wow

这是无印良品在千叶县鸭川市的梯田上策划建设的卫星事务所。以4根柱子为主要结构的两层建筑，上下两层都是3.6米见方。

一楼是如同檐廊般的休息处兼农具收纳处，二楼是景观极好的办公室。在天气晴朗的日子里，白天大家都去干农活，如果下雨则回到办公室工作，是一处对晴耕雨读进行了最好诠释的办公室。二楼的门窗可以整面往上翻（蔀户），形成一个大房檐，既可以遮挡炎热夏季的日晒，又能让大自然的风穿堂而过。材料以木材为主，采用了半透明的聚碳酸酯波浪板及镀银防晒膜等，即使在农村也能从家具建材商店买到。本次展示制作了3个高低不同的建筑，展会结束后计划搬迁到鸭川和牡鹿半岛。

A类型　　　　A类型

B类型　　　　B类型

C类型　　　　C类型

比例尺 =1/200

展示图

5 | 迁徙之家

三越伊势丹×谷尻诚、吉田爱

将10米×10米的室内空间看作建筑场地，在内部搭建建筑，将建筑之间的空地定义为"庭院"。这是一个即使在室内也能拥有庭院的"别馆"式空间。

开放性的庭院中配置了厨房和餐厅，而卧室、茶室、浴室这三个房间则通过庭院徐缓相连，各个建筑的檐廊和房檐下则作为不限制用途的中间地带，让居住者自己决定使用方式，引出享受生活的能动性。

拟定的居住者是在世界各地出差的"空中飞人"，采用三越伊势丹精选的"现代豪华"来展现新的价值观和空间。设计者对使用的材料进行了限制，让生活、物品或故事成为主角，思考一种"新的居住形式"。

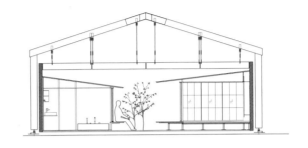

比例尺 =1/150

6 租赁空间塔

大东建托×藤本壮介

在17米×16米的占地面积上，为8户人家11口人的居住而设计。本次展会将周围的部分切除掉，以12米×13米作为展示。

卧室限制在7—16平方米，扩大了可以共享的餐厅、厨房、浴室、图书馆、书房、影院、储物空间。在此不仅有固定的居民，还可以让朋友或当地人以时间为单位租用。由于有了更大更多的共享部分，将此作为外部空间，配以丰富的绿植，看上去就像在室外。这个外部空间也可以让外面的人自由出入。

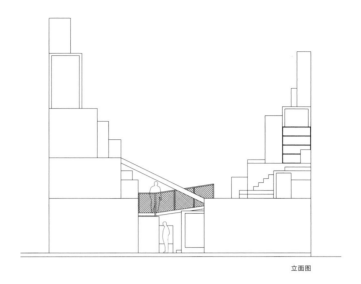

立面图

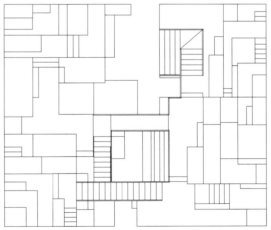

比例尺 =1/200

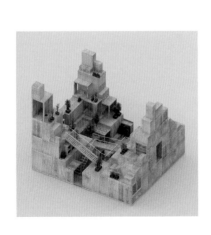

展示图

7 │ 汇集与开放之家

骊住×坂茂

面积为8米×8米，梁柱一体的框架结构，使用膜状材料覆盖外表。本次为作品开发，用来支撑结构的框架体，采用胶合板中间夹入纸质蜂窝板的板材制作，轻量但具有高强度，还具备保温性能。房间内有一个叫作"生活核心"的单元，将需要给排水的房间聚在一起。浴室是上翻式的，上翻后就是浴缸，可以从浴室眺望外面的迷你庭院。这个单元的排水采用泵来压送，可以搬到家中任何地方自由使用。面向木平台的大门，采用了上翻门和推拉门，让内部空间与外部空间自然相连。骊住 本次参展的目的就是希望将这样的房屋、给排水一体式单元、大型门窗框等实现商品化，系统化后的房屋可以随处搭建，并可轻松拆解和搬迁。

立面图

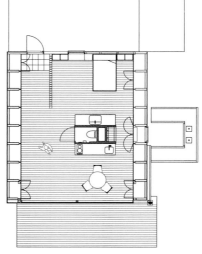

比例尺 =1/200

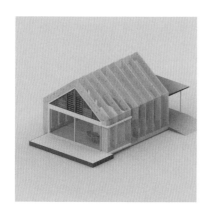

8 | 市松水边

住友林业×西畠清顺×隈研吾（会场构成）

在面积10米×10米的地块中制作了1.5米见方的足浴场。浴槽采用构成会场的柳杉木材，将木材横截面并列在一起制作底部。可欣赏柳杉透过水的倒影和折射产生的美感，走在上面也能感触到每根木材的亲肤之宜。1.5米的长度刚好适合5到6人在一起聊天时不近不远的距离。考虑到今后会有越来越多的外国人到日本旅游，足浴场可以成为游客们歇脚的地方，既能触摸当地的材质，也可欣赏当地的风景，还能与当地居民接触、沟通。展示空间内的7棵松树是象征日本的绿植，为人们提供舒适的树荫。柳杉木材制作矮墙与外界隔离，挡住外部的视线。这样的足浴场可以随意设置在任何地方。

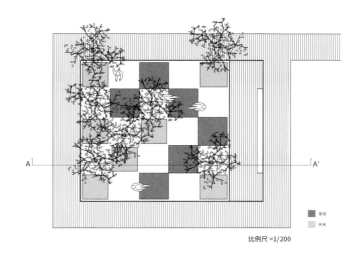

比例尺 =1/200

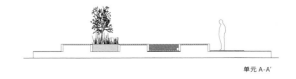

单元 A-A'

展示图

9 | 木纹之家

凸版印刷×日本设计中心原设计研究所

5米×8米大小的吉野扁柏木片经过扫描后，印刷在放大了几十倍的房屋上。建筑外观印刷的是扩大后的木纹，内部表面则印刷了实际大小的木纹。室内的地板和墙面采用一种叫作同步印刷的技术将木纹接合，这种印刷技术也可以将木纹的凹凸感同时印刷出来。其中一部分墙面模仿了工匠常用的"手斧装饰"，将印刷技术之高超展露无遗。会场内引导灯及咨询设计都采用了从这种印刷材料背面透光的方式，让文字从木纹表面显现出来。另外，亮灯与地板中埋入的传感器也是同步的。中央展示的是一个叫作"神木"的建筑物印刷"原稿"，也就是扫描的实际木材。它前面的玻璃接电后呈现乳白色，这也是凸版印刷值得骄傲的技术之一。最里面的墙壁埋入了只要坐在这里就可以获取身体信息的特殊传感器，向人们说明未来的建筑材料也可以与高科技融合。

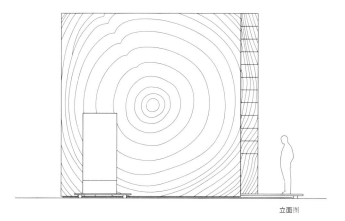

立面图

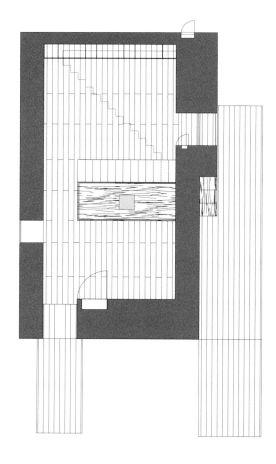

10 | 内与外之间，家具与房间之间

TOTO、YKK AP×五十岚淳、藤森泰司

设计方案围绕窗和家具。窗的厚度通常不足10厘米，而这个作品的设计理念则为"住在窗中"，即把窗扩展成5个独立的房间，围绕中间的扇形客厅构成整体建筑。5个房间分别是第二客厅、浴室、卫生间、厨房和卧室。设计构思是：进入每个房间就像进入一扇"窗"一样。窗本来是分隔室内和室外的构件，而这个设计方案却着重表现通过"窗"维系在一起的"生活场景"。客厅设有连接5个房间的玄关和普通窗户，由此重新定义了窗的意义。

此外，设计师还尝试将"窗"直接用作家具。因此，这里的房间更像一件"大家具"，大到人们可以充分延展自己印象中一件家具的体积，而刚好没有超过"想象边际"的程度。作品提出一个假设：我们是否可以打破"先建筑，再房间，最后在房间摆放家具"的传统思维，转而从离我们身体最近的家具着手打造空间。正是出于这个想法，5个房间的大小正好介于家具与房间之间。试想一下，倒在沙发里的舒适感直接转换为空间将有怎样的规模和形式？作品不仅结合了实际的日常行为，又具象化地将"作为空间的家具"展现在我们眼前。

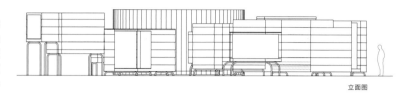

立面图

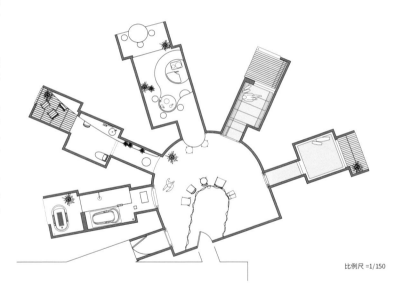

比例尺 =1/150

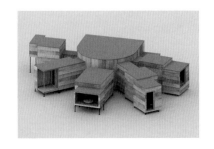

展示图

11 | GRAND THIRD LIVING

丰田×隈研吾

使用碳素纤维与弹性纤维膜制成的3个帐篷，最大的特点就是轻盈，比一名体态轻盈的女性还要轻。纤维具有反弹性，借此支撑帐篷整体，展开也很简单。帐篷的大小有两种，分别是小孩和大人使用的尺寸。本次设计的构思是将帐篷作为扩大了的家，打造比平常放松休息的客厅更加舒适的场所。用电方面，通过可以自由携带电源的普锐斯PHV，让人们重新思考定居与移动的关系，让家与汽车之间诞生一种新的联系。

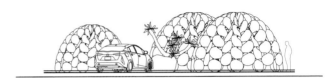

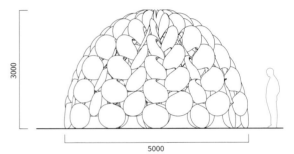

比例尺=1/100

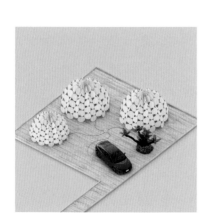

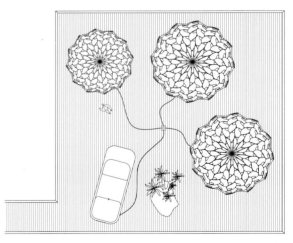

比例尺=1/200

12 带信号屋顶的家

文化便利俱乐部×日本设计中心原设计研究所（展示设计）、中岛信也（影像制作）

面积为10米×10米。35个圆形凳上放着虚拟现实眼镜。影像内容则是以"非物理房屋，信号打造未来的家庭"为主题，通过观赏在虚拟空间上演的小品传递给观众。三个方向的音箱播放声音，虚拟现实眼镜同步播放影像，通过这样的系统，可以让35个人同时观看小品。地板上用平面图表示虚拟空间中人物所在的位置。

比例尺 =1/100

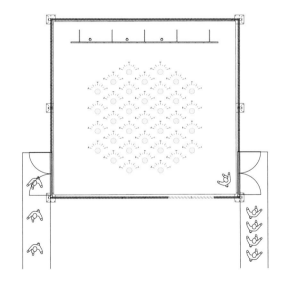

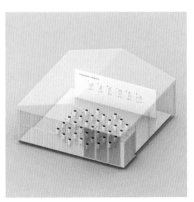

展示图

结束语

原研哉

HARA Kenya

设计师，出生于1958年。
以设计沟通为基础，
开发并设计出"再设计""触觉""传感穿戴"
诸多新鲜课题和产品，给社会以启发。
在他设计的长野冬奥会闭幕式项目和
爱知万博海报中，
体现出了深深扎根于日本文化的工作方式。
2002年成为无印良品的艺术总监。
曾获得东京ADC大奖、每日设计奖、
龟仓雄策奖、原弘奖、
世界工业设计双年展大奖等众多奖项。
2011年开始在中国举办巡回个展。
主要著作有《设计中的设计》（岩波书店出
版）、《白》（中央公论新社出版）、
《日本的设计》（岩波书店出版）等。

栽种在木制露台的中央广场的，
推定树龄为一千年的橄榄古树。

HOUSE VISION 2016 东京展的广场上，植物标本采集人西畠清顺与他的天空植物园团队一起，种植了一棵树龄上千年的橄榄树。

按照西畠先生的话来说，橄榄树的果实可榨油，果肉可食用，树枝和树干可用作木材，树木形状优美可做绿植，而且到了现代，它的种子还可用作生物燃料，是稀有的实用树种，也是为人类做出巨大贡献的树木之一。正因为我们生活在拥有尖端技术的时代，才应该探寻生活本来的幸福究竟是什么。从这个意义出发，西畠先生将此树作为标志性大树种在了这里。

策划HOUSE VISION的过程中，我们切实感受到的一个问题是：生活在今天的我们所必需的智慧究竟是什么。日本这个国家每天面临着自然灾害的威胁、人口缩减和少子老龄化问题。纵观世界，资本主义已经走到了尽头，贫富差距和文明冲突不断升级。寺子屋曾经教导日本孩子要"读书写字打算盘"，日本人在此教导下为了追赶先行一步进入现代化的西方，拼命过也努力过。在信息技术即将改变世界的今天，曾经的读书写字打算盘也许就是当今的"信息技术行业""媒体行业"。

在这样的世界，掌握最新的技术和知识固然重要，但我一边推进HOUSE VISION一边感受到的是，我们要更加全面地看待地球和社会，不要丧失生活的满足感和欲望的平衡感。人和其他生物都是以自我意识为中心采取行动的。在人类相互依存牵引的社会中，寻找类似于"感觉上的和平"，并随时更新自己的智慧可能更为重要。

建造自己的"家"，类似鸟儿搭巢。普通人建造的房屋，能否营造出优秀的平衡感？我认为在这个问题中，就存在着建筑与设计的课题，以及人类的未来。

西畠先生为我们种植的橄榄树，是低矮且横向生长的形状。据西畠先生解释，在人类更新换代的过程中，这是为了更方便摘取果实而进化出来的形状，是树对人类行为的让步。我希望人们能深刻感受这棵树的精神，以整个地球的平衡为目的，持续支持我们的活动。

结束语

插图鸣谢

摄影

小野真太郎（日本设计中心）
——113

志村贤一／PARADE／AMANA集团
——030下

关口尚志／PARADE／AMANA集团
——006－011, 029, 031－033,
035－036 (2D: 岩泽美鹤, 3D: 今泉公嘉), 037, 065－069,
072－073, 076－081, 083－085, 088, 090－091, 095下, 119,
125, 148, 149下, 152－153 (车、帐篷), 156－157

中户川史明（日本设计中心）
——030上, 071上, 108－109（实物拍摄）

日本设计中心原设计研究所
——042下, 112

DJI
——114－115, 120－121

Nácasa&Partners Inc.
——012, 014－015, 02－025, 040－041, 042上, 043－049, 052
－053, 055－058, 060－061, 089, 092－093,
095－097, 101, 102－105, 107上, 116－117, 126－129, 131－
133, 137, 139, 140－145, 162－167, 169, 189

计算机绘图

桥本健一
——026－027, 038－039, 050－051, 059, 062－063, 074－075,
086－087, 098－099, 100下, 107下, 110－111, 122－123,
134－135, 146－147, 150－151, 158－159, 170－173, 176－
187

AMANA
——108－109

图片提供

Atelier Bow-Wow
——071右中

香田信（Delphys，代思）
——149上, 152－153（背景）

中村脩
——071左下（水与土的艺术节赞助）

长谷川豪
——042（中部插图）

诸谷三代次
——071右下

Cameron Sinclair（爱彼迎）
——016

CHINA HOUSE VISION
——175

Design Studio S
——028

©FUSAO ONO/SEBUN PHOTO/amanaimages
——155

©Shigeru Ban Architects
——100上

图像合成

日本设计中心图像制作部
——152－153

展览鸣谢

展会总策划	原研哉
企划协调	土谷贞雄
主办方	HOUSE VISION 执行委员会
制作与推进	日本设计中心原设计研究所
后援	林野厅
赞助	CASSINA IXC 公司、奈良县政府
参加企业	大和控股公司、爱彼迎、松下、无印良品、三越伊势丹、大东建托、骊住、住友林业、凸版印刷、TOTO、YKK AP、丰田、文化便利俱乐部、AGF
会场构成	隈研吾
展示与会场搭建	TSP 太阳
参加商店	代官山茑屋书店｜Anjin｜奈良县
印刷	SunMcolor
摄影	amana｜Nácasa & Partners Inc.｜DJI｜日本设计中心图像制作部
广宣	夏目康子（Lepre）
计算机绘图	桥本健一
合作	

"从室外就能把冰箱打开的家"
OWL CRAFT｜TSP 太阳｜绿色艺术
动漫：阿久津俊吉
音乐制作：佐藤教之、佐藤牧子
配音：中尾衣里

"吉野柳杉之家"
概念与策划：吉野町｜北冈笃町长｜表谷充康｜小泉喜弘｜
奥出亘｜Re：与吉野一起生活会　野口ASUKA｜枡谷纪惠｜奈良县农林部
奈良树木品牌科　中村吉代茂｜北村达也｜中神木村 中井章太（山守）｜吉野中央木材 石桥辉一｜南工务店 南达人
木材提供：吉野制材工业协同组合、吉野储木买方组合
占地所有：吉野木材协同组合连合会
协助：上吉野木材协同组合｜吉野木材青壮年经营者协议会
施工：奈良县建筑劳动组合 吉野支部｜岩本电设
室内设计冈本｜TAMIYA｜泰进建设｜高桥建具｜涌谷板金
奈良的工匠：川岸光国首领｜植田胜广 首领｜佐伯扫门
田村隆久｜辻昌秀｜中谷勇｜平井英火｜福岛三泰｜枡谷贵仁
室内装饰品：光工房吉野｜WoodWork｜桶屋近藤｜喜多制材所｜北冈本店｜北村酒造｜绿色森林｜工房Apple Jack｜下市木工舍 "市"ichi｜圣山｜福西和纸本铺｜丸商店｜美吉野酿造｜吉野中央木材｜吉野制箸工业协同组合｜Good Design

"の"家
内容策划：SD｜Power Concept｜AIDMA｜蒙太奇
绿植：园林屋
设备：Pilotis

"梯田办公室"
造型：小林和人 Roundabout／OUTBOUND

"迁徙之家"
客厅：BIOTOPE INC.｜DAISHIZEN｜IKEUCHI ORGANIC｜LIXIL｜mi mund｜RAWS Co.,Inc.｜SUSgallery｜TIME & STYLE｜ENTREX｜器谦心｜Qualities｜SENKO｜ZWIESEL · JAPAN｜DreamBed｜villeroy-boch JAPAN 桌上用品｜Zwilling J.A. Henckels｜fissler｜MARUNI木工｜Miele JAPAN｜Jurgen Lehl｜有田PORCELAIN LAB｜橘箱｜木本硝子｜释永岳｜大同｜扁柏创建｜三荣水栓制作所｜轮岛KIRIMOTO
杂货：STYLE MEETS PEOPLE｜Aquastore APO｜THALGO JAPAN｜

PS International｜Bell International｜REGAL CORPORATION｜日本Unity
食品：GranFarm｜MareNostrum｜Labeille｜朝冈调味料｜阿部幸食品服务｜原了郭
吴服：荒川｜香老字号松荣堂｜户田屋商店
美术：泉田之也｜莲村泰子
绅士：莱卡相机日本｜中田工艺
结构顾问：东京艺术大学建筑科 金田充弘研究室
施工协助：KAMO Craft｜Set up
建材协助：WOODPRO
造型（餐厅）：田中美和子

"租赁空间塔"
结构规划：RGB STRUCTURE 一级建筑师事务所 高田雅之
门窗框、窗帘、地板、卫生设备：骊住
施工：IDS企划
家具、照明：良品计划　照明：松下　门把手：SHIBUTAI
造型：田中美和子

"汇集与开放之家"
MIBNORU 产业
动画音乐制作：佐藤教之·佐藤牧子
动画CG 制作：桥本健一｜amana

"市松水边"
住友林业绿化｜住友林业森林服务
制作：真辉建备
设备规划：西部温泉工业

"木纹之家"
配音：中尾衣里
录音：堀修生

"内与外之间，家具与房间之间"
施工：KIPURO｜HASEBE｜东亚工务店
结构设计：长谷川大辅结构规划
家具施工：井上工业
内部装饰材料：Kvadrat Japan
内部窗帘：安东阳子设计
绿植：YOU花园

"GRAND THIRD LIVING"
结构设计：佐藤淳结构设计事务所
帐篷使用素材：小松精炼株式会社
绿植：天空植物园
音响设计：清川进也、古川雄大
尤克里里：石田英范
布艺模型：tohgi
无人机：DJI（PHANTOM 4）

"带信号灯顶的家"
手持终端提供：Tone移动
内容制作、系统开发：东北新社 Suudonn｜OMNIBUS JAPAN

"清凉咖啡店——煎"
施工：泰进建设
商品协助：荣太栖总本铺
麻布屋顶制作：ARCH&LINE 小池直人｜LENS 佐藤勇
吉野材 抛光圆柱提供：辻源商店
抛光圆柱加工：南工务店株式会社
扁柏板材提供：吉野中央木材
扁柏板材加工：吉野中央木材｜HOTTEC

主台、活动厅 "PAROLE"
木材（观览台、主厅）：住友林业
柳杉木（主厅）：奈良县
家具（主厅）：Cassina ixc.
广场橄榄树：住友林业绿化｜西畠清顺（天空植物园）
音响应用软件开发：木下诚、黑田美穗（HMDT株式会社）
采访录音：堀修生｜西垣太郎
采访背景音乐：Taro Peter Little
Web开发：清水恒平（事务所NICE）

图书在版编目（CIP）数据

探索家 .2, 家的未来 2016 /（日）原研哉, 日本
HOUSE VISION 执行委员会编著 ; 张钰译 . -- 北京 : 中
信出版社 , 2018.9
　　书名原文 : HOUSE VISION 2 2016 TOKYO EXHIBITION
　　ISBN 978-7-5086-9473-3

　　Ⅰ . ①探… Ⅱ . ①原… ②日… ③张… Ⅲ . ①建筑设
计—作品集—日本—现代 Ⅳ . ① TU206

　　中国版本图书馆 CIP 数据核字（2018）第 208314 号

探索家 2——家的未来 2016
编　　著 : [日] 原研哉 日本 HOUSE VISION 执行委员会
译　　者 : 张　钰
出版发行 : 中信出版集团股份有限公司
　　　　　（北京市朝阳区惠新东街甲 4 号富盛大厦 2 座　邮编　100029）
承 印 者 : 北京雅昌艺术印刷有限公司

开　　本 : 787mm×1092mm　1/16　　　印　　张 : 12　　　字　　数 : 180 千字
版　　次 : 2018 年 9 月第 1 版　　　　　印　　次 : 2018 年 9 月第 1 次印刷
京权图字 : 01-2018-6332　　　　　　　　广告经营许可证 : 京朝工商广字第 8087 号
书　　号 : ISBN 978-7-5086-9473-3
定　　价 : 108.00 元

编排设计	原研哉、日本设计中心原设计研究所
文案	原研哉、土谷贞雄、日本设计中心
计算机绘图	桥本健一
编辑协力	名冢雅绘（日本·美术出版社）

日本HOUSE VISION执行委员会

委员会的主旨是把"家"定义为多种产业的交点, 希望激发日本产业新的活力。在原研哉的建议下, 以土谷贞雄及日本设计中心原设计研究所为核心, HOUSE VISION执行委员会自2010年开始活动, 并在日本和中国举办了研讨会。2013年举办了第一场"HOUSE VISION 2013 TOKYO"展会, 通过7栋建筑, 对家的未来做出了展望。2014年开始扩大"HOUSE VISION中国"的活动。2016年举办了"HOUSE VISION 2 2016 TOKYO"展会, 与引领日本未来的企业一起, 推进项目发展。

日本设计中心原设计研究所

1991年成立, 是日本设计中心的独立设计部门, 由原研哉统一管理。在保留了传统设计事务所功能的同时, 还致力于挖掘和推动有社会潜在可能性的设计项目。在HOUSE VISION项目中负责企划、制作以及运营管理。

HOUSE VISION 2 2016 TOKYO EXHIBITION制作组

总指挥	原研哉
策划运营总监	松野薰
宣传制作统筹	西朋子
制作、推进	平面设计 : 川浪宽郎、森定望、大桥香菜子、冈崎由佳、酒井茜、真野菜摘、东门光香、钟鑫、大野萌美
	出版物设计 : 中村晋平、北村友美
	影像 : 深尾大树（日本设计中心影像企划室）
	网络、应用软件 : 齐藤裕行
	文案 : 长濑香子